등대
육아

일러두기
- 본문에서 인용했던 문구를 다시 활용한 경우 출처를 표기하지 않았습니다.
- 『논어』『맹자』『도덕경』『손자병법』『서경』등 동양 고전은 필자가 옮겼습니다.
- 독자의 이해를 돕기 위해 일부 표기를 수정한 부분이 있습니다.

등대
육아

**부모는 아이의 길에
빛을 비추어주는 것만으로
충분하다**

이관호 지음

온더페이지
on the page

지켜보며 길을 비추는 등대처럼

부모와 부부의 차이

아이가 태어난 후 최초의 놀이를 했던 때가 기억납니다. 방바닥에 앉아서 오목한 원통형 필통에 들어 있는 펜들을 쏟았다가 주워 담는 걸 반복하더군요. 아이의 첫 번째 순간들은 모두 부모에겐 하나의 작은 기적이죠. 아빠인 저는 눈을 떼지 못하고 한참을 보고 있었습니다.

불현듯 제 시야가 흐릿해지더니 전에 없던 장면이 펼쳐졌습니다. 제가 아이가 되어서 놀고 있는 모습이 아니겠습니까! 마치 또 다른 저를 보고 있는 듯한 일종의 환시인 것이죠. 잠시 후 정신을 차리고 조금은 오만한 자세로 아이 엄마에게 히죽 웃으면서 말했습니다.

"당신이 아무리 호야(아이의 태명)를 사랑한다고 해도 이 느낌은

못 받을걸? 당신은 그냥 아들을 사랑하는 거지만 나는 또 다른 나를 사랑하는 거거든."

아이가 아들인지 딸인지에 따라 엄마와 아빠가 각각 받아들이는 정서의 차이가 있습니다. 서로 이 정서를 이해할 수 있으면 더 현명한 부모가 되는 데 도움이 될 수 있을 겁니다. 아무튼 이렇게 저희 부부는 양육자로서 새로운 삶을 시작했습니다.

남편과 아내(부부)가 아이를 낳으면 '아빠와 엄마(부모)'라는 새로운 이름을 얻게 됩니다. 그런데 '부부'와 '부모'는 지시하는 대상은 같지만 관계의 측면에서 볼 때 중요한 차이가 있습니다.

부부와 아이로 구성된 3명의 가족이 있다고 해보겠습니다. 남녀가 헤어지면 남이 되기에 부부라는 이름은 소멸합니다. 하지만 자녀를 축으로 삼으면 둘은 여전히 연결되어 있어서 부모라는 이름은 그대로 남습니다. 그래서 아이와 엄마의 관계, 아이와 아빠의 관계를 두고 천륜天倫이라고도 부르죠. 친구, 동료, 이웃 심지어 부부까지 모든 관계는 과거형이 될 수 있지만 부모와 자식 사이는 죽어서도 끊어지지 않습니다. 그래서 부부는 임의적이지만 부모는 필연적인 언어입니다.

그리고 부모가 된다는 건 2인 가족에서 3인 가족이라는 단순한 숫자의 차이를 의미하지 않습니다. 가정에 아이라는 새로운 인물이 등장했고 이전 부부 사이와는 다른 새로운 스토리가 전개된다는 걸 의미합니다.

잘 알다시피 인간관계란 게 둘 사이에 공통의 관심사와 목표가 있으면 연결고리가 더 강해지죠. 부부가 싸우다가도 자녀가 다쳐서 울고 있으면 둘은 마치 한 몸처럼 달려가게 됩니다. 한편 아이는 부부 공동의 적이 될 때도 있습니다. 아이를 혼내야 할 때 아빠가 악역을 맡으면 엄마는 아빠에게 정서적 친밀감을 느낄 수 있습니다.

부모가 되셨나요? 이제 부부였을 때보다 훨씬 더 '같은 편'입니다.

어떤 엄마가 되어야 할까요?

얼마 전 우리 가족은 안동으로 여행을 떠났습니다. 그곳 도서관에서 특강을 할 일이 있었는데 가는 김에 가족여행까지 계획했던 것이죠. 둘째 날 도산서원에서 낙동강 상류 쪽으로 올라가면 보이는 농암종택이라는 고택에서 1박을 했습니다. 〈어부가〉로 유명한 조선 중기 문인인 농암 이현보의 집인데 멋들어진 강과 기암괴석 가운데 기품 있는 한옥이 어우러져 있어 언제 한번 묵어봤으면 했던 곳이었습니다.

날이 어두워지자 세상의 불빛도 꺼지고 주변에 아무런 인공의 흔적이 없는 2월의 밤이었습니다. 시골의 하늘을 보고 싶어 가족이 잠자리에 든 후 밤 11시쯤 홀로 밖에 나왔습니다. 밤하늘을 보자마자 눈이 번쩍 뜨였습니다. 하늘과 가장 가까운 천체관측소에 온 것처럼 수많은 별이 쏟아져 내리고 있었거든요. 혼자만 보기에는 아까운 장면이라 용감하게 가족을 깨웠습니다. 아직 날은 추웠지만 아이도 아내도 밤하늘에서 눈을 떼지 못했습니다.

계속 보다 보니 점차 빛나는 별들 사이의 흐릿한 별들도 눈에 들어오기 시작했습니다. 눈을 깜박이지 않고 뜬 상태로 유지하니 그 빛도 선명하게 다가오더군요. 그렇게 하늘 전체가 별로 뒤덮였습니다. 그때

윤동주(1917-1945) 시인의 시가 떠올랐습니다.

별 하나에 추억과
별 하나에 사랑과
별 하나에 쓸쓸함과
별 하나에 동경과
별 하나에 시와
별 하나에 어머니, 어머니,

이렇게 별을 세던 시인이 마지막으로 두 번 부른 존재는 어머니였습니다.

나는 무엇인지 그리워
이 많은 별빛이 나린 언덕 위에
내 이름자를 써보고,
흙으로 덮어 버리었습니다.

딴은 밤을 새워 우는 벌레는
부끄러운 이름을 슬퍼하는 까닭입니다.

그러나 겨울이 지나고 나의 별에도 봄이 오면
무덤 위에 파란 잔디가 피어나듯이

내 이름자 묻힌 언덕 위에도
자랑처럼 풀이 무성할 게외다.

-〈별 헤는 밤〉중

별이 쏟아지는 밤, 그는 나뭇가지로 땅에 '윤동주'라고 새기고 마치 씨앗인 듯 흙으로 덮었습니다. 순수했던 시인은 아직 그 이름에 부끄러움을 느꼈나 봅니다. 하지만 시련을 이겨내고 언젠가는 어머니에게 자랑스러운 존재가 되겠다고 다짐하고 있습니다. 초라한 씨앗을 뿌린 곳에도 무성한 풀이 자라는 것처럼 말이죠.

아이들의 꿈은 동주 님과 다르지 않습니다. 별을 헤는 밤, 자녀가 마지막에 두 번 부를 그리움의 대상은 바로 엄마입니다. 무언가를 이루었을 때 가장 먼저 자랑하고 싶은 대상, 그 기쁨을 나누고 싶은 대상도 엄마입니다. 그건 아마도 엄마가 아이들 영혼의 첫 번째 고향이기 때문일 겁니다.

엄마가 되셨나요? 어떤 엄마가 되어야 할지 너무 걱정하지 마세요. 마음의 고향이 되어주는 것으로 엄마의 존재는 이미 아이에게 충분합니다.

어떤 아빠가 되어야 할까요?

얼마 전 호야와 동주 님의 시 한 편을 함께 낭송해 보았습니다.

바람 부는 새벽에 장터 가시는

등대 육아

우리 아빠 뒷자취 보고 싶어서
춤을 발라 뚫어논 작은 창구멍
아롱 아롱 아침해 비치웁니다.

눈 나리는 저녁에 나무 팔러 간
우리 아빠 오시나 기다리다가
혀 끝으로 뚫어논 작은 창구멍
살랑 살랑 찬바람 날아듭니다.

-〈창구멍〉

　옛날에는 아빠가 월급날 시장에서 치킨을 사 오면 아이들이 만세를 불렀던 시절이 있었습니다. 변하지 않은 건 아이들은 여전히 치킨을 좋아한다는 사실이고 달라진 건 스마트폰 몇 번 눌러서 배달시킬 수 있다는 점, 또 요즘 가정에서는 아이가 많아야 둘이라는 점입니다.

　아빠는 아이에게 작은 기다림의 대상입니다. 엄마만큼 늘 함께하지는 않으니까요. 요즘은 부부의 역할이 더 이상 내외內外로 구분되지 않아서 아빠가 아이와 함께 지내는 시간이 늘었지만, 그럼에도 대체로 아이는 엄마와 보내는 시간이 압도적으로 더 많습니다.

　기다리는 아이를 위해 아빠는 무언가를 주어야겠죠. 아이가 아빠에게 받고 싶은 것은 무엇일까요? 5살 호야는 풍선껌과 장난감이었습니다. 또 더 자주 자기와 놀아주기를 바랐습니다. 혹시 20년이 지나면 아파트 1채와 넉넉한 결혼 자금으로 바뀔까요? 그럴 수도 있겠습니다.

다만 제 경험으로는 부모가 재산이 있을 때 자식이 부모를 원망하는 경우를 더 많이 보았습니다. 반면 단순히 가난을 이유로 부모를 미워하는 모습은 자주 못 보았는데 있다 하더라도 일시적인 것 같습니다. 인간사의 갈등은 대체로 돈이 있을 때 더 자주 발생하거든요.

아이가 아빠에게 원하는 건 기본적으로 '돌아옴'입니다. 추운 날씨에 겨울나무를 팔러 갔다 돌아오는 아빠의 모습입니다. 그리고 따뜻한 온기가 느껴지는 손에 쥐어진 무엇입니다. 그것이 무엇이든 결국에는 정情일 겁니다.

본래 자녀가 부모에게 바라는 건 부담스러운 짐이 아닙니다. 어떤 아빠는 더 큰 걸 짊어지고 올 수 있을 테고 어떤 아빠는 치킨 1마리밖에 가져오지 못할 겁니다. 하지만 부자 아빠든 가난한 아빠든, 아이는 작은 창구멍에 얼굴을 대고 기다릴 것입니다. 그리고 아빠의 손을 통해 전해온 온기를 평생 간직할 것입니다.

혹시 가난한 아빠이신지요? 아이는 괜찮습니다.

제게는 이제 막 10살을 넘긴 아들이 있습니다. 지난 10년간 아이를 키우면서 겪은 에피소드, 육아와 관련된 생각들, 인문학이 들려주는 이야기들을 이 책에 담아보았습니다.

인문학은 양육으로 고민하는 부모들에게 몇 가지 중요한 태도를 제시합니다. 자녀의 진로에 대해 예단하지 말고 차분히 지켜보며 이끌라고 이야기합니다. 모두가 가야 할 그런 길은 없다고 말합니다. 또 자녀를 소유하지 말라고 경고합니다.

등대 육아

양육을 위한 이런 메시지들을 압축하자면 독일의 철학자 프리드리히 니체(1844-1900)의 '되어감^{becoming}의 철학'이라 할 수 있습니다. 프랑스의 철학자 앙리 베르그송(1859-1941)의 멋진 표현을 빌리자면 자녀의 되어감은 '불꽃놀이의 마지막 불꽃이 만들어내는 길'처럼 아무도 예측할 수 없습니다.

우리 부모들은 그 길을 만들어내는 사람이 아니라, 아이가 스스로 보여주는 길을 발견하고 이끄는 역할을 해야 합니다. 그러니 어린 자녀를 둔 부모에게 주어진 과제는 아이에게 불꽃놀이를 위한 재료를 사주고 그것을 가지고 놀 수 있는 바닷가로 데려가는 일입니다. 이런 부모의 모습은 마치 검붉은 바다를 비추는 등대를 떠올리게 합니다. 망망대해의 한가운데 떠 있는 배가 어디로 가야 할지 모를 때 등대는 길을 보여줍니다. 하지만 어느 쪽으로 저어갈지 정하는 것은 오롯이 노를 잡고 있는 사람의 몫일 뿐 등대는 말없이 지켜볼 뿐입니다.

아마 이 책을 읽으시는 분들은 모두 양육자이거나 양육과 관련된 일을 하는 분일 테죠. "양육이란 무엇인가?"라는 피할 수 없는 물음의 답을 찾을 때 이 책이 그 고민을 해결하는 데 보탬이 될 수 있기를 기대합니다. 혹시나 조금의 위로를 더불어 전할 수 있다면 양육자로서 저 또한 큰 힘을 얻겠습니다.

이관호

2장 무엇을 어떻게 가르칠까?

3장 지금이 행복한 아이로 키우기

오늘을 살아가는 아이로 키우기

진로 기다려주기

4장　아이를 위한 현명한 교육관

인문 고전이 전하는 양육의 비결

1장

인문학으로 육아의 기준점 잡기

육아를 대하는
부모의 자세

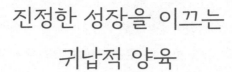

진정한 성장을 이끄는
귀납적 양육

For sale: Baby shoes. Never worn.

(팝니다: 아기 신발. 사용한 적 없음.)

쿠바에 체류 중이던 미국의 소설가 어니스트 헤밍웨이(1899-1961)를 발견한 어느 기자가 즉석에서 짧은 소설 집필을 요청했습니다. 잠시 눈을 감은 헤밍웨이는 한 잔의 술을 들이켠 후 메모지에 위 6개의 단어를 써주었습니다. 세상에서 가장 짧은 소설이라고 합니다.

압축된 글은 여러 상상을 부릅니다. 신발 디자이너가 만든 시제품이 회사에서 선택받지 못했을 수도, 막 배송받은 상품이 구매 전 이미지와 달라서 온라인 중고 장터에 올렸을 수도 있습니다. 아니면 이사

왔더니 그저 신발장에 놓여 있었던 것일 수도 있습니다. 하지만 이를 읽은 사람이 엄마라면 가슴 아픈 상황을 먼저 떠올렸을 것 같습니다.

엄마가 된다는 건 기다림, 때로는 오랜 기다림을 의미합니다. 엄마라면 새 생명을 기다리며 준비했던 배냇저고리를 아이에게 처음 입힌 그날의 웃음과 울음을 잊을 수 없을 겁니다. 그런데 세상일이 마냥 기쁘고 즐겁지만은 않아서 엄마는 '양육'이라는 또 다른 만만치 않은 일을 부여받습니다.

결혼을 앞두고 저 사람과 행복할 수 있겠냐는 마땅한 불안이 있었던 것처럼 출산을 앞두고는 과연 좋은 부모가 될 수 있겠냐는 걱정이 따라옵니다. 어떤 부모가 되어야 할까요? 어떻게 아이를 키워야 할까요?

전자는 부모의 성품과 자세를, 후자는 양육 방법에 대한 물음입니다. 여느 부모처럼 저 역시 한 아이의 아빠로서 지난 10년 동안 늘 이 두 질문을 달고 살았습니다. 한편 인문학자로서 양육과 무관한 전공(철학) 서적을 읽을 때도 두 질문에 대한 조언이 됨직한 대목에서 눈을 멈추었습니다. 이 책은 10년간 누적된 독서와 메모, 그에 대한 생각들을 토대로 쓰였습니다.

교육에는 정답이 없어서 100명의 아이를 키우는 데 백 가지의 길이 있다고 하죠. 그럼에도 인류가 남긴 철학이나 문학이라고 불리는 작품들이 양육과 관련해 낸 목소리를 들어보면 어떤 공통적인 요소 한 가지를 발견할 수 있습니다. 주로 '귀납적인 태도'를 이야기한다는 점입니다.

요즘 육아서들을 보면 어떻게 양육해야 우리 아이가 경쟁에서 뒤처지지 않고 상위권에 들어갈 수 있는지에 대한 내용이 대세를 이루고 있습니다. 뒤처지는 걸 좋아할 사람이 없고 앞서는 걸 싫어할 사람도 없으니 그런 관심은 아이에 대한 사랑의 자연스러운 표출입니다. 어차피 경쟁할 것이라면 이기는 게 좋겠죠.

그런데 이 관심의 특징을 간과해서는 안 되는데 **양육의 관점이 '남(남과의 경쟁)'을 향해 있다는 점입니다.** 이 관점은 온갖 연역적인 사고를 낳습니다. 이를테면, "네가 남에게 인정받는 사람이 되기 위해서는 명문대에 들어가야 해. 그러려면(따라서) 중·고등학교 때 이 정도의 성적을 받아야 해. 그러려면(따라서) 초등학교 때 이러해야 하고, 그러려면(따라서) 취학 전의 시기가 가장 중요하지"라고 이야기하는 것입니다. 다시 말해 남보다 나은 삶을 살려면 초등학교에 들어가기 전부터 '남보다 앞서 나가야 한다'는 결론에 도달합니다.

위에서는 '부모의 바람이 투영된 목적을 전제'로 삼은 후에 '그것을 이루기 위한 전략(결론)'을 도출했습니다. 보통 상위 1%를 표방하는 학원의 설명회나 상담에서 구사하는 전형적인 패턴이기도 합니다. 물론 모든 일에는 전략이 필요합니다. 문제는 위 사고의 전제와 결론이 '남(남보다 나은 위치, 남과의 경쟁에서 이기는 것)'을 향해 있고 '나'가 빠져 있다는 점입니다.

아내가 아이를 가졌다는 소식을 들은 후 〈기다려, 환영해, 사랑해〉라는 노래를 배운 적이 있습니다. 저도 아이의 태명인 '호야'를 넣어서 자주 불렀었죠. 그런데 그런 축복 속에 마주한 아이의 양육과 관련해서 우리는 위 사고 구조를 너무 고민 없이 손쉽게 받아들이려고 합니다.

목적 지향의 연역적 사고가 양육의 토대로 삼기에 괜찮은 것인지 판단하는 건 어렵지 않습니다. 우리 부모들 역시 어릴 때부터 늘 들어온 익숙한 패턴이니까요. 이것이 과연 우리를 행복하게 (아니면 그나마 덜 불행하게) 만들어준 양육관이라 생각하는지요? 그렇게 생각한다면 이 책은 여기서 덮으셔도 괜찮을 것 같습니다.

그렇지 않다면 다른 관점을 검토할 필요가 있습니다. 아이를 만난 날, 우리의 눈은 세상의 처음을 마주하는 순수한 눈으로 향했습니다. 그 눈망울에서 무엇을 발견하고 느끼셨나요? 그 무엇을 놓치지 않고 끌어가는 양육의 방법을 고민해 볼 필요가 있지 않을까요? 그 고민의 결과가 이 책에서 이야기하는 '지켜보며 이끄는 양육'의 모습입니다.

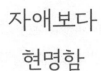

자애보다
현명함

호야와 주말에 경기도 안성에 있는 한 농장에 갔는데 새끼 염소에게
먹이로 풀을 직접 줄 수 있는 장소가 있었습니다. 풀이 담긴 플라스틱
바구니를 구매해서 염소들에게 다가가면 호야만큼 작은 염소가 와서
풀을 먹기 시작합니다. 다른 데는 보통 나무 펜스를 사이에 두고 동물
에게 먹이를 주는데 이곳은 염소와 아이들이 함께 어울리는 장소였습
니다.

호야는 조금 긴장한 표정으로 잡고 있는 풀 바구니에 얼굴을 묻은
새끼 염소를 보다가 엄마가 있는 쪽을 봅니다. 그러고는 "엄마! 여기
좀 봐!"라고 외칩니다.

그동안 아이는 무언가를 가지고 싶거나 하고 싶을 때 엄마를 찾았

는데요. 이제는 자기가 체험하고 있는 게 신기하거나 자랑스러우면 엄마를 찾습니다. 자신이 느끼고 있는 감정이나 생각에 부모가 동참해주기를 희망하는 거죠.

새끼에게 먹이를 주려는 마음을 '모성애'라고 한다면 아이도 그런 류에 해당하는 본능을 가지고 있는 것일지도 모르겠습니다. 새끼 염소나 토끼처럼 자기보다 약해 보이는 존재에 무언가를 베풀고 싶어 하는 본능이요. 전국시대의 철학자 맹자(B.C.372-B.C.289 추정)가 이야기했었던 측은지심惻隱之心인 타고난 선한 마음을 확인하는 순간이기도 합니다.

그런데 육아 본능과 관련해서 아빠와 엄마는 기본적인 차이가 있습니다. 잠깐 동물들의 세계로 들어가 볼까요. 저는 요즘 강아지를 키우는 한 유튜브 채널을 즐겨 보는데요. 경상북도 안동의 산속 깊은 곳에서 홀로 사는 노인이 해탈이라는 백구 진돗개와의 일상을 매일 공개합니다. 어느 날 주인이 잠시 서울에 다녀온 후부터 해탈이의 배가 점차 불러왔습니다. 윗마을 사람에게 자기네 집 흑구 진돗개가 해탈이와 잠시 어울렸다는 이야기를 들었습니다. 그리고 해탈이는 새끼 7마리를 낳았습니다.

꼬물이들은 한데 엉겨 자다가도 엄마가 다가오면 달려와서 젖을 뭅니다. 경쟁에서 탈락한 두 마리 정도는 눈도 뜨지 못하고 계속 엄마 품을 파고들려고 바둥댑니다. 해탈이는 그런 새끼들이 안 되었는지 혀로 계속 핥아줍니다. 한편 주인이 따뜻한 거처를 마련해 주었는데도 흙을 계속 파서 구덩이를 만들고는 그 구덩이 안으로 새끼를 한 마

등대 육아

리씩 입에 물고 옮기려고 합니다. 이유는 딱히 알 수 없지만 해탈이가 새끼들에게 보이는 애정이나 집착이 영상에 고스란히 담겨서 구독자들이 연일 놀랍니다.

두 달 정도 후에 주인은 해탈이와 새끼 7마리를 데리고 아빠 개를 찾아갔습니다. 아빠 개는 해탈이는 반기지만 처음 본 녀석인 새끼들에 대해서는 애매한 태도를 취합니다. 같이 놀기도 하지만 으르렁대기도 합니다. 녀석들이 자기 새끼들인지에 대한 인식이 분명하지 않은 거죠. 물론 새끼들도 흑구가 자기 아빠라는 걸 알 리가 없습니다. 이렇게 동물의 세계에서 아빠와 자식들의 관계는 엄마만큼 명확하지가 않습니다.

선사시대 인간도 이와 비슷한 시기가 있었습니다. 신석기 혁명으로 농사를 짓고 가축을 키우면서 한곳에 정착하기 전까지인데요. 동굴에서 동굴로 돌아다니던 시절에는 아이들에게 아빠는 정확하게 인식되는 존재가 아니었습니다. 다시 말해 문명화하기 전에 원초적으로는 엄마를 중심으로 인간사가 펼쳐졌다는 말입니다. 원시 모계 사회라는 말은 엄마가 아빠보다 힘이 세거나 권력을 가졌기 때문에 나온 이야기가 아니라 7마리 꼬물이들이 해탈이를 중심으로 성장하는 것과 같은 모습입니다. 그래서 본원적으로는 자식에 대한 엄마의 사랑이 아빠의 사랑보다 위대합니다.

조선 후기의 대표적인 실학자 다산 정약용(1762-1836)은 이 본능에 대해 설명한 적이 있습니다. 요즘 사람들이 잘 쓰지 않는 단어이지만 '효제孝悌(부모에 대한 효도와 형제에 대한 우애)'는 제 윗세대까지는 통용되던 단어였습니다. 그런데 이 용어는 거슬러 올라가면 '효제자孝悌慈'에 기원합니다. 다산은 왜 '효제자'에서 '자慈(자녀에 대한 자애로움)'가 생략되어 '효제'로 용어가 굳어졌는지에 대해서 이렇게 설명합니다.

> "부모를 잘 봉양하는 것을 효孝라 하고, 형제끼리 우애하는 것을 제弟라 하고, 자기 자식을 가르치는 것을 자慈라고 하니 이것이 5가지 가르침(부·모·형·동생·자녀 이 5가지 인간관계의 가르침)의 핵심에 해당한다. …… 그런데 자식 사랑만은 힘쓰지 않아도 누구나 할 수 있기 때문에 성인이 가르침을 세울 때 효孝와 제弟만을 가르쳤다."
>
> -『다산시문집』

자녀를 향한 자애로움은 노력하지 않아도 부모가 갖추고 있기 때문에 굳이 강조하지 않아도 된다는 설명입니다. '내리사랑'이라는 말이 있듯이 사랑에는 자연스러운 방향이 있습니다. 그래서 자식의 효는 부모의 자애보다 훨씬 큰 노력을 필요로 합니다. 아무리 율곡이 효자였다고 하더라도 율곡을 향한 신사임당의 자애를 뛰어넘을 수는 없습니다.

그러니 엄마들끼리 모여서 누가 내 아이를 더 사랑하는지 서로 경쟁할 필요는 없습니다. **양육자로서 부모의 뛰어남은 자애가 아니라 '누가 더 현명한지'로 그 차이가 드러나거든요.**

현명한 자애와 그렇지 않은 자애는 구분됩니다. 훌륭한 부모가 된다는 건, 아이를 얼마나 더 사랑할까에 대한 고민과 노력이 아니라 얼마나 더 현명한 방식으로 아이를 사랑할 수 있는가에 달렸습니다. 그래서 육아에는 지혜가 필요한 것이죠. 사람에 대한 이해를 추구하는 인문학은 그런 지혜의 창고가 될 수 있습니다.

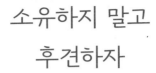

소유하지 말고
후견하자

그럼 현명한 양육자가 되기 위해서는 어떤 마음가짐을 가져야 할까요? 도움이 될 영화 1편을 소개하겠습니다.

제 가족은 비교적 오랫동안 자녀를 기다렸습니다. 아버지가 되지 못할 수도 있다는 현실을 점차 받아들이던 시점에 〈그렇게 아버지가 된다〉라는 영화를 보았습니다.

대기업의 엘리트 건축가인 주인공에게는 초등학교 입학을 앞둔 아들이 하나 있습니다. 그런데 똑똑했던 자신의 어린 시절과 다른 모습들 때문에 늘 아이에 대한 의아함과 실망감이 있었습니다. 어느 날 아이가 태어난 병원에서 충격적인 연락을 받습니다. 아이가 같은 날 태어난 다른 자녀와 바뀌었다는 겁니다. 그 집은 여러 자녀를 둔, 가난하지만 행복한 전파상의 가정이었습니다.

양쪽 부부가 만났고, 일단 일주일에 한 번씩 아이를 맞바꾸어 생활하며 친부모와 적응하는 기간을 갖기로 했습니다. 처음에 주인공은 2명의 아이를 모두 자기가 키우겠다고 제안했습니다. "적절한 보상을 하겠다." "당신은 자녀가 많지 않냐." "당신처럼 가난한 집에서 자라는 것보다 우리 집에서 자라는 게 아이에게도 좋지 않냐!"라고 회유하지만 상대 부모에게 깊은 상처만 남길 뿐이었습니다.

결국 주인공은 아이를 맞바꾸어 친아들만 데리고 오겠다고 결정합니다. 하지만 친아들이 자신의 집에서 적응하지 못하고 이전 가정을 그리워하자, 주인공은 "아버지란 무엇인가?"라는 질문 앞에 고민하면서 이야기는 전개됩니다.

만약 제게도 같은 상황이 펼쳐졌다면 어떤 선택을 했을까요. 만약 두 가지 선택(그대로 키우든지, 바꾸어서 키우든지)밖에 없다면 어떻게 해야 할까요? 아버지가 아니었던 당시의 저는 관객 속에서 분명한 답을 가지고 있었습니다. 영화 전반부에 주인공이 가졌던 생각인 '나와 DNA가 일치하는 아이가 우선이다'라고요. 그런데 영화를 본 후 이야기해 보니 와이프는 영화 속 주인공의 부인과 비슷한 입장이었습니다. 길렀던 정을 조금은 더 중요시하는 듯했습니다.

그로부터 몇 해 지나 저는 생물학적 아버지가 되었습니다. 호야가 8살이 되어 초등학교에 입학할 때 그 영화를 다시 떠올려보았습니다. 그사이 저는 좀 바뀌어 있었습니다. 정말 두 선택지 중 하나밖에 없다면 '호야를 그대로 키우겠다'라는 쪽으로요.

이 상상 속의 선택은 단순히 기른 정의 비교 우위 때문만은 아닙니다. 8년간 만나지 못한 친아들에 대한 사랑과 배려 때문이기도 합니다. 그 아이에게 가족과의 이별이라는 상처와 혼란을 주기보다는 자신에게 세상에 또 다른 부모가 있다는 넉넉함 정도를 전하는 것이 아이의 행복을 위해 더 현명한 선택일 것 같아서요.

이 영화는 제게 양육과 관련해 한 가지를 더 생각하게 만들었는데요. **자녀의 소유자가 아니라 후견인이 되겠다는 다짐이었습니다.** 영화 속 픽션이긴 하지만 지금까지 친자녀인 줄 알고 기른 남의 자녀를 진짜 내 아이와 바꿀 수 없다면, 그것이 아들의 행복을 바라는 현명한 아버지의 판단이라면 저와 아이의 관계는 욕심과 집착보다 그 '현명함'을 강화해야 한다는 다짐입니다.

저는 그렇게 아직 아버지가 '되어가고' 있습니다.

등대 육아

콜필드와 싱클레어의 성장

지켜보며 이끄는 양육이 무엇인지 이해하기 위해 문학 작품 2편을 소개하려고 합니다. 얼마 전 세계 문학 전집을 출간해 온 한 출판사가 시리즈 400권을 돌파하면서 지금까지 가장 많은 부수가 판매된 책들을 소개했습니다. 영예의 1위는 대표적인 성장 소설로 사랑받는 미국의 소설가 J.D. 샐린저(1919-2010)의 『호밀밭의 파수꾼(공경희 역, 민음사, 2018.)』이었습니다.

소설은 펜시고등학교에서 퇴학당한 주인공 콜필드가 기숙사에서 몰래 나와 귀가 예정일인 크리스마스이브까지 5일간 경험한 이야기입니다. 횡설수설하는 듯한 독백과 종잡을 수 없는 행동들로 정신적 혼란을 겪은 콜필드는 결국 병원에서 7~8개월 정도 치료를 받으며 요양했습니다.

그런데 저는 양육과 관련해서 이 책의 마지막 챕터에 나오는 콜필드의 독백이 유독 기억에 남습니다. "실제로 해보기 전에 무엇을 어떻게 하게 될지 어떻게 알 수 있단 말인가?"라는 독백이었습니다. 병원의 정신건강의학과 전문의가 콜필드에게 요양을 마치고 학교에 가면 열심히 공부할 건지 반복해서 물어보았는데 이 질문이 그에게는 너무나 어리석게 느껴졌던 것입니다. 닥치지 않은 일을 어떻게 미리 알 수 있냐는 반응이었죠.

학업을 재개하기 전 "해보기 전에 어떻게 알 수 있나요?"라고 묻는 아들의 목소리를 만약 콜필드의 부모가 들었다면 실망했을 것입니다. 하지만 이 독백에는 아이의 성장과 관련해서 중요한 진실이 숨어 있습니다.

콜필드가 부모 몰래 기숙사를 나와 5일간 겪었던 방황은 계획에 없던 일탈이었지만 그는 파수꾼이 호밀밭을 지키듯 위선적이고 위태로운 세상 속에서 아이들의 순수함을 지키는 사람이 되겠다는, 태어나서 처음으로 꿈 비슷한 걸 발견했습니다. 그 꿈은 어른들이 기대하는 현실적인 진로와 거리가 있지만 콜필드의 삶을 지탱하는 소중한 자산이 되었을 것입니다. 문학에서는 그런 것을 두고 '성장'이라 부릅니다.

우리 아이의 성장도 근본적인 맥락에서 이와 다르지 않습니다. 아이도 언젠가 콜필드처럼 부모의 기대와 달리 엇나가는 모습을 보일 수 있고 또 부모의 절실한 마음을 아는지 모르는지 의심스러운 대답을 할 수도 있습니다. 그럴 때 부모는 조급함보다 기다림이 필요합니다. **진정한 성장이란 '스스로 발견할 때' 이루어지거든요.**

2위는 스위스의 소설가 헤르만 헤세(1877-1962)의 『데미안』이 차지했습니다. 싱클레어가 선과 악이라는 두 세계 사이에서 겪는 정신적 혼란과 방황, 그 가운데 알을 깨는 아픔을 거치며 어떻게 자기 자신을 향한 길을 찾아가는지 보여주는 성장 소설입니다. 물론 이 책에도 구체적인 직업이나 진로가 제시되지 않습니다.

소설에서는 데미안을 비롯한 몇몇 인물이 싱클레어가 길을 찾는 데 큰 영향을 끼칩니다. 하지만 그 구체적인 길은 오직 싱클레어만 찾을 수 있습니다. 우리 아이들도 이와 같아서 부모가 아무리 도와주어도 그 길은 오직 아이 스스로만 찾을 수 있습니다. 소설의 감동이 감동으로만 끝나서는 곤란합니다. 우리 아이들 각자가 또 다른 싱클레어거든요.

아이의 성장에서 부모는 어떤 역할을 해야 할까요? 부모가 아이를 향해 갖추어야 할 자세는 본인이 살아오면서 느낀 성공적인 삶의 틀을 자녀에게 이식하는 일이 아닙니다. 아이의 성장을 이끌고 독려하고 지켜보면서 아이가 스스로를 향해 나아가는 길을 열어주는 일입니다. 그리고 그 주체는 부모가 아니라 아이라는 점을 놓쳐서는 안됩니다.

결국 **귀납적 양육은 부모가 아이의 미래를 그리는 방식이 아니라, 아이의 되어감**becoming**에 따라 미래를 열어주는 방식입니다.** 아이의 삶이 하나의 소설(작은 이야기)이라면 부모의 역할은 내 아이가 하나의 훌륭한 이야기를 쓸 수 있도록 돕는 일입니다. 이 이야기에 남들이 좋다고들 하는 몇몇 직업이나 대학이 반드시 등장할 필요는 없으며 부모가 제 역할을 하기 위해 돈이 많거나 성적에 도움이 되는 기밀한 정보를 얻을 수 있어야 하는 것도 아닙니다.

양육자에게 우선 필요한 건 전략이 아닙니다. 지켜봄입니다.

등대 육아

부모를 위한 인문 고전의 문장들

▶ 모든 행복한 가정은 서로 비슷한데
  모든 불행한 가정은 제각각으로 불행하다. -레프 톨스토이

_____

_____

가정의 불행은 내밀한 것이어서 가족 바깥의 다른 이들은 잘 이해하지 못합니다. 반면 행복한 가정의 이미지에는 늘 가족이 맞잡은 손이 보입니다. 앞으로 양육이 가정을 행복으로 이끄는 과정으로 삼으십시오.

▶ 모델과 물감이 결정되었다 해도
  작품이 어떻게 나올지는 그려보아야 안다. 삶도 마찬가지다. -앙리 베르그송

_____

_____

지켜보며 이끄는 육아의 자세가 어떠해야 하는지 알 수 있는 문장입니다. 베르그송은 '삶의 순간순간이 창조물'이라고 말했습니다.

▶ 임금은 임금답고, 신하는 신하답고,
  부모는 부모답고, 자녀는 자녀다워야 한다. -공자

_____

_____

부모와 자녀가 각자의 이름에 걸맞는 사람이 되면 양육과 교육의 과정에 아무 문제가 없을 것입니다.

자녀를 위한 인문 고전의 문장들

▶ 도움이란 기꺼이 그것을 받아들이려 하고 또 절실하게 필요로 하는
　어떤 사람에게 자신의 일부를 내어주는 것이다. - 노먼 F. 매클린

아무리 부모가 자신을 내어주려고 해도 자녀가 받아들일 준비가 되어 있지 않으면
도움이 되지 않습니다. 부모의 도움을 열린 마음으로 받아들일 수 있는 아이로 이끄
십시오.

▶ 옛날에는 자기를 위해서 공부했는데
　요즘은 남에게 보이려고 공부한다. - 공자

2,500년 전에 공자가 한탄하며 했던 말입니다. 어릴 때부터 아이에게 무엇을 위해
공부하는지 알려주십시오. 그런데 그러려면 부모가 먼저 이 문구를 이해해야 합니다.

▶ 어렸을 때부터 어떤 습관을 들였는지는
　대단히 큰 차이, 아니 모든 차이를 만든다. - 아리스토텔레스

사실 양육자가 해야 할 유일한 일은 아이에게 좋은 습관을 만들어주는 일입니다.

아이의 도화지에
무엇을 그려줄까?

깨끗한 석판:
타불라 라사

태교를 통해 아빠도 새로운 경험을 하게 됩니다. 안마 의자의 등받이에서 꿈틀거림이 느껴지는 것처럼 아내의 배 속에서 무언가가 움직입니다. 주기적으로 발차기도 하고요. 정말 그때까지 몰랐습니다. 태아는 그저 열 달 내내 배 속에서 잠들어 있다 세상 밖으로 나와서야 아우성치는 줄 알았거든요.

배 속에서 기분이 좋아서 놀고 있는 건지 스트레스나 무서움이 느껴져서 발버둥을 치는 건지는 알 수 없습니다. 그래도 혹시 엄마는 짐작할지도 모릅니다. 둘이 한 몸인 시기니까요. 엄마의 기분과 신체 컨디션이 아이에게 그대로 반영된 결과일 수 있어서 엄마는 이 기간에 좋은 음악을 듣고 예쁜 미술 작품을 보고 공감할 수 있는 책을 읽곤 합니다.

태아는 문방구에 막 입고된 하얀 도화지 같습니다. 아직 세상에 나오지 않았으니 세상의 때가 묻었을 리 없죠. 서양에서는 예로부터 사람의 이런 상태를 라틴어로 '타불라 라사Tabula rasa'라고 불렀는데 이는 '깨끗한 석판'을 의미합니다. 태교는 엄마가 이 석판에 처음으로 어떤 흔적을 남기는 행위입니다. 그런데 조금 섬뜩한 이야기일 수도 있는데 여기에 한 번 새겨진 흔적은 지워지지 않는다고 합니다. 다음은 호야가 초등학교에 입학한 후 놀이터에서 늘 함께 놀던 친구의 할머니가 들려준 이야기입니다.

수년 전 엘리베이터에서 할머니가 먼저 내렸고 다음으로 아이가 내릴 차례였는데, 아이가 채 나오기도 전에 문이 닫히면서 할머니와 아이가 잡은 손이 문에 걸렸다고 합니다. 잠깐 손을 놓고 열림 버튼을 누르면 될 텐데 아이는 갑작스러운 상황이 무서워서 '절대로' 할머니 손을 놓지 않았고 숨넘어가게 울었더랍니다. 할머니는 놀라서 다른 손에 있었던 휴대전화로 긴급 전화를 했고 119가 도착할 때까지는 20분 정도 걸렸다고 합니다.

무서운 기계 안에 홀로 남은 아이가 느꼈을 공포감은 상당했겠죠. 그때 잡고 있었던 할머니의 손은 생존을 위한 유일한 끈이었을 겁니다. 흥미로운 건 이 일을 아이가 지금은 기억하지 못하는데도 아직 혼자 엘리베이터 타는 걸 무서워한다는 겁니다.

다른 사례입니다. 어느 정신 분석 세미나에 참석한 적이 있었는데, 한 정신건강의학과 전문의가 발제를 하면서 뉴스 한 토막을 들려주었습니다. 갓난아기가 엄마의 품에 안긴 채 미국으로 가는 비행기에 탑승했습니다. 그런데 비행기에서 갑자기 엄마가 의식을 잃어 응급조치를 받게 되었고, 이 아기는 10시간 이상 엄마와 떨어져 지내야 했던 사연이었습니다.

도착 시까지 내내 안고 달래주던 승무원의 노력이 있어 천만다행이긴 했지만 비행기의 흔들림과 낯선 사람의 품에서 아기가 얼마나 큰 불안함을 느꼈을까요. 훗날 아이는 이 순간을 기억하지 못하지만 그때 겪은 불안함의 경험은 평생 아이의 타불라 라사에서 지워지지 않는다는 것입니다. 도화지 위에 연필로 스케치한 그림을 아무리 지우개로 열심히 지워도 약간의 흔적은 남는 것처럼 말이죠.

이 무의식의 세계를 학계에 처음 도입해서 설명한 사람이 정신 분석의 창시자인 지그문트 프로이트(1856-1939)입니다. 엘리베이터나 비행기에서의 경험이 양육의 관점에서 아이의 삶에 좋았다거나 혹은 나빴다는 이야기는 아닙니다. **다만 사람의 모든 경험은 기억에서 사라지더라도 무의식의 세계에 저장된다는 겁니다.**

그렇다면 부모가 아이에게 해주어야 할 최초의 역할은 타불라 라사라는 아이의 도화지에 배경을 제공하는 일입니다. 일단 이 도화지에는 엄마와 아빠라는 인물과 집, 주변 환경 등이 제공됩니다. 또 어떤 분위기도 있습니다. 어둡거나 암울한 분위기, 밝은 분위기 이런 것들도 배경으로 작용합니다. 그리고 무언가를 그리거나 새기려면 어떤 이야깃거리가 있어야 하잖아요. 그 소재가 되는 경험의 기회를 제공하는 일이 양육의 주된 내용에 해당합니다.

어떤 환경에 놓이는가는 아이의 재능 계발에 압도적인 영향을 끼칩니다. 예를 들어, 프랑스 후기 인상파 화가 폴 고갱(1848-1903)이 문명 세계를 떠나 원시 세계인 타이티섬으로 이주하기까지는 큰 결심이 필요했을 겁니다. 하지만 그는 그곳에서 떠오르는 영감을 소재로 포착해 예술의 절정을 그려냈습니다. 물론 아이는 어른이 아니어서 주체적으로 타이티섬에 갈 수 없지요. 아이의 재능을 계발하기 위한 여건을 부모가 마련해 주어야 합니다.

또 엄마의 배 속에서 아이는 처음 음악이란 걸 듣게 됩니다. 가볍고 감미로운 모차르트의 미뉴에트, 좀 더 묵직한 느낌의 베토벤 교향곡, BTS 노래 가운데 아이가 곡을 선택할 수 없습니다. 이때 부모의 선택은 아이의 타불라 라사에 배경 음악을 제공하는 셈이죠.

시각·청각·후각·촉각·미각 등 이런 감각 기관을 통해 느끼고 인지하는 것들을 통틀어서 '경험'이라고 부릅니다. 그리고 그 경험은 아이가 후일 다른 경험을 누적해갈 때 머릿속에 어떤 연상을 일으킵니다. 처음에는 경험으로 무無에서 유有가 만들어지지만, 이후에는 그 유를 토대로 경험이 조합되면서 새로운 유를 창출할 수 있습니다.

한편 여러 사람이 같은 경험을 했다고 해서 그것에서 떠올리는 연상까지 같은 것은 아닙니다. 그래서 형제나 자매는 비록 일란성 쌍둥이라 해도 서로 다른 사고의 방향을 갖게 되는 것이죠.

이렇게 우리의 아이들은 성장하면서 선택의 폭은 넓어지고 점차 자신의 석판에 스스로 그림을 그려가는 주체가 됩니다. 하지만 유년기의 그림은 사실상 부모가 그려준 것이나 다를 바 없고 이후에도 아

등대 육아

이는 그 조건하에서 그림을 그리게 됩니다. 10살까지의 양육이 가장 중요한 까닭은 이 때문입니다.

아이와 여행을 다니면서 다양한 체험을 하고 계시나요? 또 골라준 책을 함께 읽으면서 언어를 통해 새로운 세계로 안내하고 있나요? 그렇게 함께 경험을 쌓는 동안 아이의 타불라 라사에는 무언가가 그려지고 있답니다.

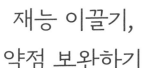

재능 이끌기,
약점 보완하기

아이라는 새하얀 도화지를 계속 지켜보다 보면 무언가 독특한 특징이 그려지는 지점을 발견할 수 있습니다. 양육자는 그걸 잘 포착할 수 있어야겠죠. 골프 황제 타이거 우즈의 예를 들어보겠습니다.

그는 2022년 최연소로 명예의 전당에 헌액되었습니다. 딸의 소개로 등장한 우즈는 "내가 어릴 때 부모님은 나의 대회 출전 경비를 마련하기 위해 집을 담보로 돈을 빌리기도 했습니다. 그리고 세상에 그냥 오는 것은 없다며 스스로 노력해서 얻어내야 한다고 늘 말씀하셨습니다"라면서 감격의 눈물을 흘렸습니다.[1]

골프를 치는 부모라면 이 장면을 보면서 '우리 아이도 혹시…'라는 생각을 갖고 양육 전략을 세울지도 모릅니다. 그런데 그 전략이 의미를 가지려면 골퍼가 되겠다는 아이의 '자발성'을 부모가 어떤 경로로든 발견할 수 있어야 합니다.

타이거 우즈의 아버지인 얼 우즈는 베트남 파병 군인 출신으로 대학 시절 상당한 실력의 야구 선수였습니다. 골프를 치기 시작한 건 타이거가 태어나기 3년 전으로 아들에게 운동을 시키고 싶었다면 인종차별의 벽이 높지 않은 야구를 권했어야 마땅했을 것입니다.

얼 우즈는 군인 골프장에 갈 때 아들을 대동했는데 이 아이는 물건을 집을 줄 알던 순간부터 골프 샷을 흉내 내며 휘두르기 시작했습니다. 만 3세의 아이는 '천재 골프 소년'이라는 특집으로 TV 쇼 프로에 나갔는데 유튜브에서 이 영상을 보면 누구나 입이 벌어질 것입니다. 당연하게도 만 4세부터 그는 전문가에게 골프 지도를 받기 시작했습니다. 다시 말해 **타이거 우즈를 골프장에 데리고 간 사람은 아버지지만 재능을 발휘한 것은 아이 스스로였습니다.**

양육자로서 모차르트나 타이거 우즈가 부러운 건 그들이 천재이기 때문만은 아닙니다. 그들의 진로가 일찍 결정되었다는 점입니다. 한편 천재가 아닌 우리 아이들은 재능이 무엇인지 파악하는 것도 쉽지 않습니다. 그러다 보면 부모는 점차 주위의 눈치를 보며 사회의 유행을 따라가게 되고, 이 과정에서 아이는 소외되고 자기주도성을 상실하게 됩니다.

"할아버지의 재력과 엄마의 정보력"이라는 말이 있죠? 가족이 제공하는 재력과 정보력의 효과 자체를 부정하지는 않겠습니다. 하지만 자녀를 최고로 키우려는 부모의 야심도 '아이가 되어가는 과정'을 살

피는 귀납적인 자세를 갖출 때 이룰 수 있다는 걸 기억해야 합니다. 그런데 아이를 지켜보다 보면 재능뿐 아니라 동시에 아쉬움이 느껴지는 특징들도 눈에 들어오게 됩니다. 이러한 약점은 어떤 방식으로 접근해야 할까요?

제 아이는 어린이집에 다닐 때는 친구들과 잘 놀고 나름 리더십을 발휘하는 면모까지 있었는데 초등학교 입학 이후에는 혼자 집에 있는 경우가 많아졌습니다. 꼭 많은 친구를 사귀어야만 하는 건 아니니 그냥 그렇게 지내도 큰 문제랄 건 없습니다.

하지만 저는 양육자로서 아이의 교우 관계에 새로운 자극이 필요하다고 여겼습니다. 그래서 아이가 좋아하는 스포츠를 함께 즐길 수 있는 주말 클럽에 가입시켰습니다. 그곳에서 매주 같은 학년 친구들뿐 아니라 여러 명의 형, 동생과 어울리고 놀 수 있는 환경을 조성해 주었습니다.

사실 부모들은 양육 과정에서 자녀들의 특수한 재능보다 오히려 몇몇 단점이 먼저 눈에 들어오곤 합니다. 이럴 때 부족한 면을 보완할 수 있는 방법을 고민해서 아이의 도화지에 새로운 내용이 그려질 수 있도록 자극을 주고 독려하면 좋겠습니다. 양육이란 결국 아이의 재능은 발견해서 이끌고 부족한 면은 보완해 주는 과정일 겁니다.

천사인가
악마인가

가까이 지내는 대학 선배의 결혼을 앞두고 형수가 될 분과 식사 자리를 가진 적이 있습니다. 그들은 결혼 후에 아이를 갖지 않겠다고 했는데 여성분의 입장이 반영된 계획이었습니다. 대부분의 사람은 아이들을 귀엽고 순수하다고 여기지만 자기가 볼 때 아이들은 이기적이고 배려를 모르며 예의가 없는, 한마디로 "아이들은 사악하다"라는 이야기였습니다.

이 짧은 명제를 도출하기 위해 나열된 근거들은 나름대로 틀린 이야기들은 아니었습니다. 태어날 때부터 이타적인 아이란 없으니까요. 그날도 식당에서는 옆옆 자리에 있던 아이가 뛰어다니다 넘어져서 우는 등 여하튼 시끄러웠습니다.

하지만 세상사가 그러하듯 그 커플은 예기치 않은 임신을 했고 계획에 없던 부모가 되었습니다. 어떻게 되었냐고요? 주로 노키즈존을 찾아다녔던 그 형수는 끔찍이 딸을 사랑할 뿐 아니라 자신의 예술적 재능을 전수할 후계자로 열심히 양육하고 있습니다. 물어볼 필요도 없이 아이에 대한 생각은 바뀌었습니다.

동아시아에서는 고대 때부터 인간의 타고난 본성에 대한 논의가 쟁점이 되었습니다. 잘 알다시피 맹자는 그 본성이 선하다고 했고(성선설) 전국시대 후기 철학자 순자(B.C.298-B.C.238 추정)는 본성이 악하다고 했습니다(성악설).

맹자는 우물에 빠진 아이의 예를 근거로 들었습니다. 어떤 악인이라도 사람이라면 허우적대며 살려달라는 아이를 보았을 때 '구해주고 싶다'는 마음이 들지 않을 수는 없다는 게 맹자의 추측입니다. 저도 이 추측에 동의합니다.

이런 측은지심은 누가 가르쳐주지 않아도, 즉 교육하지 않아도 '인간이라면' 갖고 있습니다. 맹자는 비슷한 류의 선한 마음 몇 가지를 더 나열했습니다. 양보하는 마음(사양지심辭讓之心), 부끄러움을 아는 마음(수오지심羞惡之心), 옳고 그름을 분별하는 마음(시비지심是非之心)이 그것입니다.

맹자의 말이 옳다면 교육이란 사람이라면 누구나 태어나면서부터 갖고 있는 이 네 가지 착한 마음이 잘 드러나도록 후천적으로 이끄는 일입니다. 옛날의 공부란 이 네 가지 선한 마음을 키우고 계발하는 노력을 의미했습니다.

성현들이 말한 마음은 지금의 마음과 범위에 차이가 있습니다. 요즘은 주로 느낌이나 정서를 마음, 지식이나 지능을 두뇌 활동으로 보아 서로 다른 영역으로 이해합니다. 하지만 전통시대에는 이러한 두뇌 활동까지 마음의 범주하에서 다루었습니다. 그러니 조선시대의 교육이란 사실상 마음 교육이었다고 할 수 있습니다.

옳고 그름을 판단하는 시비지심은 정답을 고르고 오답을 배제하는 지능과 관련이 있어서 학업 성적을 올리는 능력과 관련됩니다. 하지만 무엇이 옳은지 판단이 서야 옳은 행동을 할 수 있기 때문에 당연히 우리의 도덕 및 윤리와도 밀접한 관련이 있습니다. 한편 나머지 3개의 마음은 전적으로 인성, 즉 착한 사람과 관련됩니다. 그러니 오늘날 우리가 '공부'라고 부르는 것들은 맹자의 기준에서는 1/4에도 미치지 못하는 거죠.

한편 순자는 맹자와 같이 춘추시대의 유학자 공자(B.C.551-B.C.479 추정)의 후계자를 자처하는 인물입니다. 하지만 그는 사람을 기본적으로 악하다고 보았는데 여기서 공자의 후계자들은 맹자의 관점과 순자의 관점으로 나누어집니다. 순자는 이렇게 말했습니다.

"인간의 본성은 분명히 악하다. 인간이 선하게 되는 것은 인위적인 노력 덕분이다."
(人之性惡明矣, 其善者僞也.)
"인위적인 노력을 가하지 않으면 인간의 본성은 저절로 아름다워질 수 없다."

(無僞則性不能自美.)

순자의 말이 옳다면 교육이란 악하고 어리석은 아이를 착하고 똑똑한 사람으로 교정하는 작업에 해당합니다. 누구의 입장이 더 마음에 드는지요? 우리는 아이를 믿고 타고난 능력을 계발하는 데 초점을 맞추는 맹자식 양육자입니다. 한편 아이의 잘못된 말과 행동 나아가 생각에 대해서 '바른길'을 갈 수 있게 안내해 주어야 하는 순자식 양육자이기도 합니다.

이렇게 부모라면 양육의 두 얼굴을 가져야 합니다. 아침과 저녁에는 맹자의 얼굴, 낮에는 순자의 얼굴이죠. 아니 노력하지 않아도 그렇게 될 수밖에 없습니다. 새벽녘이나 밤에 새록새록 자고 있는 아이를 볼 때는 하염없이 예뻐 보이죠. 하지만 낮에 활발히 움직이는 5살 아이는 때로 원수같이 느껴지거든요.

내면의
코끼리

제 아이가 4살쯤에 목욕하는 와중에 생에 처음으로 무언가에 집착하
는 모습을 보였습니다. 화장실 욕조의 수도는 보통 샤워기와 연결되
어 있잖아요. 당시 살던 집은 연식이 좀 되어서 수도꼭지 끝부분을 잡
고 바깥쪽으로 조금 당겨 빼면 샤워기에서 물이 나오는 구조였습니
다. 그리고 아이는 이 수도꼭지에 집착했습니다.

　제가 아이를 목욕시키던 순서는 이랬습니다. 양치질을 먼저 해주
고 물로 입을 헹구라고 지시합니다. 그리고 머리·몸·손·얼굴 순서로
씻겼습니다. 머리와 몸을 씻길 때는 샤워기를 사용하기 위해 수도꼭
지를 잡아 뺍니다. 마지막 순서로 세안을 할 때는 물을 손으로 받아야
하니까 꼭지를 다시 안쪽으로 밀어 넣습니다.

그런데 목욕을 마치고 나가려는데 아이가 제게 "빼!"라고 말하며 지시합니다. 수도꼭지 끝을 당겨서 빼라는 겁니다. 아이가 늘 "왜?"를 달고 살던 시절이라 저도 똑같이 "왜?" 흉내를 냅니다. 물론 아이에게는 그것을 설명할 특별한 이유가 있을 리 없고 이유가 있다고 해도 그 이유를 납득시킬 수 있는 언어적인 힘도 없습니다. 그래서 아이는 또 "빼!"라고 지시합니다.

제가 가만히 있으니까 아이가 직접 꼭지를 바깥으로 뺀 후 샤워기에서 물이 나오는지 아닌지 확인까지 하고 나서야 목욕을 마칩니다. 아마도 수돗물이 갑자기 샤워기로 빠져나오니까 신기했던 모양입니다. 꼭지가 들어가 있던 아니면 바깥으로 5cm 빠져 있던 무엇이 옳거나 그를 이유는 없죠. 어느 쪽에 놓여 있기를 바라던 그냥 자기 취향입니다. 이렇게 머리로 고민하기 전에 떠오르는 판단을 두고 '직관'이라고 합니다.

그런데 좀 더 크면 아이의 판단은 이런 직관과 무관해질까요? 이성으로 생각할 수 있으면 어떤 사안에 대해 충분히 고민해 결국 현명한 결정을 내리게 될까요? 이런 관점은 20세기 도덕심리학자들이 믿고 있었던 전통적인 견해였습니다. 아이들은 교육을 받으면서 인지 능력이 고양되고 옳은 판단을 하게 된다는 거죠. 그리고 20세기 도덕심리학자와 같이 우리 부모들도 그렇게 기대합니다. 그러나 최근에는 직관이 이성 못지않게, 아니 오히려 더 중요하게 영향을 끼친다는 주장들이 대두되고 있습니다.

미국의 심리학자 조너선 하이트는 『바른 마음(왕수민 역, 웅진지식

등대 육아

하우스, 2014.)』에서 마음을 사람이 코끼리 위에 탄 모습에 비유했습니다. 여기서 코끼리는 직관이고 사람은 이성입니다. 어떤 상황에 처하거나 무언가를 보면 올라탄 사람이 고민하기 전에 코끼리가 먼저 어떤 쪽으로 방향을 튼다는 겁니다. 그 방향은 자신의 취향에 따른 직관적인 반응입니다.

예를 들어, 폭력을 일삼거나 거짓말하는 사람을 보면 우리는 혐오감을 느낍니다. 이때 코끼리는 방향을 돌립니다. 남을 배려하고 정직한 사람을 보면 친근감을 느끼기에 코끼리 역시 그쪽으로 가려고 합니다.

하이트의 주장에 따르면 우리가 '바른 마음'이라고 믿는 것들은 대체로 우리 안의 코끼리가 직관적으로 트는 방향의 결과물입니다. 이성은 차후에 코끼리 위에 탄 사람이 그에 대해 합리화 및 정당화하는 과정이라고 이야기합니다.

그런데 하이트가 코끼리에 비유했을 뿐 이 관점은 그가 처음 한 이야기가 아닙니다. 일찍이 니체는 이렇게 말했습니다.

"나는 그대의 혐오만을 믿을 뿐, 그대가 제시하는 근거들은 믿지 않는다. 본능적으로 생기는 것을 하나의 이성적인 추론인 양 자신과 상대방에게 제시하는 것은 자기 자신을 미화하는 것이다."[2]

니체는 우리의 판단이 실상은 혐오라는 심리적 반응에 기초하고 있다고 말한 겁니다. 아이의 코끼리가 어느 방향으로 틀지는 부모가 결정할 수 없습니다. 사실 부모 역시 자기 내면에 있는 코끼리의 방향을 결정할 수는 없습니다. 직관은 어찌할 수 없는 1차적인 반응이기 때문이죠. 그것을 사회적 통념이라든지 인간관계, 자신에게 돌아올 이익과 손해 등을 고려하는 2차적인 이성의 판단을 통해 제어하려 노력할 뿐입니다.

그럼 부모는 아이의 내면에 있는 코끼리를 위해 어떤 역할을 할 수 있을까요? 이 코끼리가 균형 감각을 갖출 수 있도록 여러 환경을 제공할 수는 있습니다. 유아기에 부모를 따라 겪는 다양한 경험이 이에 해당합니다.

직접 경험 이외에 독서를 통한 간접 경험도 있습니다. 부모가 아이에게 부드러운 목소리로 책을 읽어주면서 서로 대화를 나누는 것만큼 좋은 인성 교육도 없습니다. 이렇듯 아이의 직관은 부모의 영향을 받지 않을 수 없습니다.

예를 들어, 부모의 코끼리가 해외 난민이나 성소수자를 보고 어떤 방향으로 튼다고 할 때, 아이 역시 비슷한 반응을 하는 코끼리를 가질 확률이 높습니다. 하지만 꼭 그렇지 않을 수도 있습니다. 아이의 코끼리는 부모의 코끼리에 반발할 수도 있거든요. 그럼 청개구리처럼 반대 방향으로 가게 되죠.

또 부모는 자녀가 훗날 어떤 정당에 투표하는 사람이 되기를 바라는 마음이 있을 수 있습니다. 그리고 부모가 믿는 종교를 받아들이고 따르기를 바라는 마음도 있을 수 있습니다. 그러나 아이의 코끼리가 어떤 방향으로 틀지는 부모의 바람만으로 이루어지지 않습니다. 하지만 분명한 건 **아이의 코끼리는 태어나서 부모와 함께 한 10년간의 경험으로 상당 부분 형성된다는 사실입니다.**

많은 육아 전문가가 10살까지의 양육이 중요하다고 말하는 데는 이런 심리학적 근거가 있습니다. 다만 부모가 유의해야 할 대목은 위에 설명한 대로 아이의 심리적 방향이 부모의 의도대로 이루어지지 않는다는 점입니다. 그러니 부모는 부모로서의 역할에 충실하면 되며 아이의 성향 때문에 스트레스를 받을 필요는 없습니다.

앞으로 아이의 내면에 있는 코끼리도 함께 보아주세요.

부모를 위한 인문 고전의 문장들

▷ 인위를 가하지 않으면 본성이 저절로 아름다워질 수 없다. - 순자

아이들에게는 적절한 훈육이 필요합니다. 식당이나 공공장소에서 지켜야할 예절을 가르치십시오.

▷ 사람은 태어날 때의 본성은 서로 비슷하지만
  학습에 의해서 서로 멀어진다. - 공자

사람은 교육으로 더 훌륭해집니다. 우리의 자녀들도 그렇습니다.

▷ 위대한 정신도
  다섯손가락 넓이만큼의 경험에서 나온다. - 프리드리히 니체

아이들에게 다양한 경험을 쌓게 도와주십시오.

자녀를 위한 인문 고전의 문장들

▷ 해서는 안 되는 게 있은 후에야 할 수 있는 것이 있다. ‑맹자

막 태어난 아이는 무얼 해서는 안 되는지 알지 못합니다. 양육의 과정에서 아이는 해서는 안 되는 일들을 하나씩 알아가게 됩니다. 다만 금기의 목록을 최소화하십시오.

▷ 머리 위에는 별빛 가득한 하늘,
 내 마음에는 찬란한 도덕률. ‑임마누엘 칸트

유명한 칸트의 묘비명입니다. 아이들은 옳고 그른 것을 배우면서 마음속에 어떤 가치관을 갖게 됩니다. 아이와 밤하늘의 별을 볼 때 네 마음에도 저렇게 빛나는 것이 있다는 사실을 들려주세요.

▷ 악기를 연주해봐야 연주자가 되듯이
 올바른 행동을 해야 올바른 사람이 된다. ‑아리스토텔레스

자녀의 미덕을 계발하기 위해서는 여러 말과 이론보다 먼저 실천하게 도와주십시오.

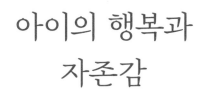

아이의 행복과
자존감

아이의
자존감

어느 날 제 아이가 어른들에게 인사를 하고 돌아다닙니다. 잠시 정차해 차를 닦고 있는 나이 든 택시 기사분께도 다가가더니 배꼽인사를 합니다. 아내에게 들어보니 어린이집에서 주변 어른들에게 인사를 하루에 몇 번 이상 하면 칭찬과 함께 무슨 상을 준다고 했답니다. 칭찬도 듣고 상도 받으면 기분이 좋아지죠.

그런데 현실은 좀 달라서 아이들은 칭찬을 듣기보다 더 많이 혼나면서 자랍니다. 호야도 늘 행동을 제지받습니다. "밥 먹을 때 의자에 똑바로 앉아라." "흘리지 말고 먹어라." "반찬 골고루 먹고 우유 남기지 마라." 등등 식탁에서만도 잔소리가 한둘이 아닙니다.

또 아이들은 어른들의 상상력을 넘는 황당한 요구도 하는지라 묵

살되는 일이 다반사입니다. 아이에게 '마음'이란 단어를 알려준 뒤로는 "아빠는 왜 내 마음을 몰라줘" 하면서 울 때도 많습니다. 이렇게 아이가 하려는 걸 자꾸 막으면 자신감이 떨어질 수도 있겠죠.

그래서 아이의 자존감과 자신감을 키워주기 위해서 부정적인 말보다는 되도록 긍정적인 말을 해야 한다고들 합니다. 맞는 말입니다. 하지만 자신감自信感 있고 자존감自尊感 높은 아이로 키우기 위해서는 '스스로 자自'에 대해서 좀 더 생각해 볼 필요가 있습니다. 이를 위해 비폭력 대화의 전파자인 마셜 로젠버그(1934-2015)가 어느 날 3살 아들 브레드와 '부모의 사랑'을 테마로 나눈 대화를 소개하겠습니다.[3]

그는 아빠가 왜 브레드를 사랑하는지 아냐고 물으며 대답을 유도했습니다. 브레드는 영특하게도 몇 가지 대답을 했는데 기저귀를 안 차고 변기를 활용하게 되어서, 음식을 떨어뜨리지 않고 먹어서 등이었습니다. 하지만 로젠버그는 아들에게 그런 이유들 때문에 기쁘기는 하지만 그것 때문에 브레드를 사랑하는 것은 아니라고 대답했습니다. 궁금해진 브레드는 그럼 왜 아빠가 자기를 사랑하는지 묻자 로젠버그가 마지막으로 이랬습니다. "아빠는 너를 그냥 사랑해. 아빠는 너여서 너를 사랑하는 거야."

로젠버그는 꾸중이든 칭찬이든 그 출처는 같다면서 교육에서 보상의 방식은 위험하다고 경고합니다. 그런 방식이 반복되면 아이는 '남에 의한 평가'에 매이게 된다는 거죠. 꾸중으로 낮아지든 칭찬으로 높아지든 간에 자존감이 남에 의해서 좌우되는 구도입니다. 그래서 칭찬으로 아이의 자존감을 높이는 방식은 한계가 있다고 비판합니다.

등대 육아

그에 따르면 **자존감은 자기가 스스로를 인식하고 자신에 대해 가치를 부여할 때 생깁니다.** 따라서 자존감은 나라고 하는 존재에 대한 긍정에서 시작합니다. 다시 말해 '자신을 사랑할 때' 자존감이 생깁니다.

그런데 아이러니하게 사람은 몹시 이기적인 존재인데도 스스로를 사랑하는 데는 매우 인색한 경향이 있죠. 다른 사람의 칭찬이 자존감에 의미를 주는 건 스스로를 긍정하는 데 도움이 되기 때문입니다. 그런데 문제는 '칭찬을 받기 위해서' 살아갈 경우입니다. 아이가 자라면서 성적이 좋으면, 좋은 대학에 들어가면, 좋은 직장에 들어가면 칭찬받을 일이 많습니다. 그런 환경에서 살다 보면 남이 높여주는 '타존'이 형성됩니다.

기분이 좋아지는 것과 자존감은 다릅니다. '칭찬 → 기분이 좋아짐'의 구도에서 칭찬할 거리가 사라지면 혹은 어떤 일로 비난받으면 기분이 나빠지게 됩니다. 하지만 자존감은 기본적으로 남의 시선과 무관하게 '자신이 스스로를 향하고 있는 감정'입니다.

좀 언짢은 가정을 하나 해보겠습니다. 훗날 우리 아이가 명문대를 나온 것도, 미친듯이 오르고 있는 주식을 좀 갖고 있는 것도, 서울의 아파트에 살고 있는 것도, 사회에서 인정하는 직업을 갖고 있는 것도 아니고 그렇다고 외모가 출중하지도 않다면 자존감이 떨어질까요? 남들보다 특별히 나을 게 없어 보이니 그럴 수도 있겠습니다. 그러나 미친듯이 오르고 있는 원인은 위에서 나열한 것 이외에도 무수합니다. 스스로 높아지는 느낌의 원인은 주관적인 것이어서요.

그리고 위 예시 중 몇 가지(혹은 다)를 갖고 있다고 해서 지속적인 자존감 상승의 조건이 못 된다는 것만큼은 분명합니다. 자존감은 남과의 경쟁에서 이겼기 때문에 혹은 못사는 친구보다 더 넓은 집에서 살기 때문에 올라가지 않습니다. 그것은 타존입니다. 그런 논리라면 나는 남들보다 못한 곳에 살기 때문에 혹은 남들보다 사회적 지위가 낮기 때문에 내 자존감은 떨어질 것입니다.

자존감은 '노력하고 성취하는 과정', 즉 자기와의 약속을 지킬 때 높아집니다. 예를 들어, 게임을 계속하고 싶은데 절제했을 때, 그리고 등산을 하면서 힘들어도 정상에 올랐을 때, 떨어진 성적을 노력을 통해 올렸을 때도 그렇습니다. 이러한 경험이 누적되면 새로운 나를 느끼게 되고 그럴 때 나는 나를 더 사랑할 수 있습니다. 자존감은 남을 무시하거나 내리까는 우월감과는 아무런 관련이 없습니다.

대중의 사랑과 칭찬을 받아서 그토록 자존감이 높아 보였던 정치인이나 연예인들은 자신에 관한 군중의 관심이 사라질 때 불안해집니다. 비난이 난무하면 극단적인 선택을 하는 경우도 적지 않습니다. 자존감이 높으면 그렇게 쉽게 스스로를 포기하지 않습니다.

상위 1%, 외제차, 명품백의 소유 등으로 자존감의 척도를 삼으려는 어른들의 시도는 종국적으로 아이의 자존감을 무너뜨립니다. 이상한 일이죠. 아이의 자존감이 높았으면 하는데도 우리는 교육이라는 이름으로 자존감 떨어뜨리기 경쟁을 하고 있으니까요. 이제 우월감을 향한 가르침을 멈추었으면 합니다.

아이의 자존감을 위해서 말이지요.

키가 크면
좋겠어요

세상에 나올 때 호야는 평균에 비해 조금은 저체중이었고 어린이집에 다니는 내내 키가 작은 쪽에서 순위 경쟁을 했습니다. 정기 검진을 받을 때 소아청소년과 선생님이 저를 보더니 "나중에 아빠만큼은 크겠죠" 하면서 우유와 고기를 많이 먹어야 한다고 하더군요.

요즘 가끔 웹소설을 보는데 여성들이 주 독자층인 로맨스 장르를 보면 남자 주인공의 키가 예외 없이 훤칠하더군요. 그러니 호야가 나중에 인기남이 되려면 키가 커야 할 테고 그러려면 우유와 고기를 많이 먹긴 해야겠습니다. 혹시 바람과 달리 키가 안 크고 속상할 정도로 작으면 어떻게 할까요? 뭐, 모든 여성에게 사랑받을 필요가 있습니까. 단 1명에게 인기남이 되기 위해 노력하면 될 일이죠.

저도 호야가 나중에 180cm 이상으로 자라면 좋겠습니다. 하지만 아이가 잘 먹고 건강하게 크기를 바라는 것과 단순히 키가 컸으면 하는 걸 혼동하고 싶지는 않습니다. 전자는 건강을 바라는 것이고 후자는 외모(키)를 바라는 거니까요..

좋은 게 좋은 거지만 순서를 뒤바꾸어 생각하면 주객이 전도됩니다. 성장기에 고기를 많이 먹어야 한다는 말은 '적당한 단백질'이 보충될 필요가 있다는 말입니다. 그러니 키를 키우기 위해 필요 이상의 고기 섭취를 장려하고 싶지는 않습니다.

또 제 경험으로 아이마다 성장의 시기에 차이가 있습니다. 저는 초등학교 2학년 때까지 반에서 제일 앞에 앉았었고 3~4학년 때는 중간 줄 정도, 5학년부터는 뒤쪽 줄로 가서 중학교 때는 키가 크다는 말을 들었습니다. 고등학교 2학년 때쯤 성장이 멈춘 것 같습니다. 주변에 보면 성인이 된 이후에도 계속 키가 크는 경우도 있습니다. 그러니 초등학교에 입학도 안 한 아이의 성장을 남과 비교하는 건 좀 빠르다고 생각합니다.

그리고 "키가 큰 게 좋다"는 명제도 재고할 필요가 있습니다. 『장자』에는 널리 알려진 학 이야기가 있죠.

"오리의 다리가 짧다고 해서 늘여주면 우려할 상황이 되고, 학의 다리가 길다고 해서 자르면 슬퍼할 상황이 된다. 그러므로 본래 긴 것을 잘라서는 안 되고, 본래 짧은 것을 늘여서도 안 된다. 그런다고 해서 걱정이 사라지지 않는다."

등대 육아

위 이야기에 이어서 장자(B.C.369-B.C.289 추정)는 선천적으로 주어진 것들을 없애거나 고치려 하지 말고 '자연의 진실된 모습, 천진天眞'으로 돌아가라고 조언합니다.

우리나라 부모들은 자녀들의 키에 과도하게 집착하는 경향이 있는 것 같습니다. '키가 큰 사람이 작은 사람보다 우월하다'는 게 많은 이가 느끼는 감정이라고 하더라도 모두가 그렇게 생각하는 건 아닙니다. 부모가 자녀의 키에 집착하면 아이에게 자신의 신체와 관련해 편견을 심어줄 수 있습니다.

저는 요즘 유튜브에서 강아지 채널을 많이 보는데 한 유튜버는 자신이 키우는 개가 먹는 양이 줄어서 체중까지 줄자 개의 입을 벌리고 강제 급여를 시작했습니다. 그 보호자가 강아지를 사랑하는 마음은 채널 구독자 모두가 알고 있지만 이 상황에 대해서 논란이 있었습니다.

더 커야, 더 체중이 나가야 보기 좋다는 건 강아지의 시각이 아니라 보호자의 시각입니다. 남자 키는 180cm, 여자 키는 165cm가 넘어야 한다는 건 아이의 시각이 아니라 부모의 시각입니다. 많은 이가 바란다고 해서 모두로 일반화할 필요는 없습니다. 또 양육자의 이러한 시각은 자녀가 다른 사람을 의식하는 좋지 않은 태도로 연결될 수 있고 나아가 평생 지속될 열등감을 느끼게 될 수도 있습니다.

자신의 길을 가면서 불안함을 느끼는 자녀에게 필요한 건 부모의 격려입니다. 키가 많이 자라지 않아도 그것이 열등한 게 아니라고 부모는 오히려 격려를 해주어야 합니다. 원하는 목표를 이루지 못했다 하더라도 네가 불행해지는 건 아니라고 부모는 안내해야 합니다. 심지어 장애를 갖고 태어나거나 후천적 사고로 장애가 생겨도 남보다 네가 열등한 게 아니라는 점을 이야기해 주어야 합니다.

아이의 키와 관련해서 저는 장자가 되려고 합니다. 키가 크면 큰 대로, 주변 친구들보다 작으면 작은 대로 제 관심과 바람은 호야의 건강과 자존감입니다. 부모가 아이의 최종 신장을 결정해줄 수는 없지만 장자의 철학을 들려줄 수는 있지 않을까요?

등대 육아

만족과 행복의
차이

8살 호야와 동네 뒷산에 갔습니다. 올라가기 싫다는 아이를 어르고 달래서 정상에 올라 '서달산 해발 179m'라고 새겨진 정상 표지석 앞에서 기념사진도 찍었습니다.

9살 호야와는 청계산에 가서 좀 더 높은 곳에 도전했습니다. 중간에 쉴 때 어른들이 귀엽다고 초코바도 주고 하니까 좀 덜 투덜거리며 가더군요. 이번에는 '옥녀봉 해발 375m'에서 사진을 찍었습니다.

아이는 물론 청소년들도 산에 잘 오르지 않습니다. 그 친구들이 노는 공간은 따로 있거든요. 그런데 세월이 흘러 나이가 들면 많은 사람이 산에 오릅니다. 왜 아이들은 산에 오를 때 힘들다면서 칭얼댈까요? 반면 체력이 약한 노인들은 왜 늘 산으로 나오는 걸까요? 자율과 타율의 차이입니다. 전자는 즐거움을 낳지만 후자는 고통을 낳습니다.

사람들이 등산을 하는 이유는 육체적으로는 힘들지만 그 과정과 등정의 결과가 더 큰 즐거움을 주기 때문입니다. '순간의 편안함 < 더 큰 즐거움'의 구도죠. 이것은 공부에도 적용될 수 있습니다. 온종일 게임을 하고 싶어도 그걸 참고 공부할 힘을 기를 수 있는 이유는 무엇일까요? 게임과 공부가 주는 즐거움의 종류가 다르기 때문입니다.

"산에 오르는 걸 좋아하는 사람이 어디 있냐? 힘들어도 다 참으며 하는 거야"라는 말은 틀렸습니다. 힘들어도 좋아하니까 하는 겁니다. "공부하기 좋아하는 사람이 어디 있냐? 싫어도 다 참으며 하는 거야" 라는 말도 틀렸습니다. 마찬가지로 힘들어도 즐거움이 있으니까 하는 겁니다.

영국의 철학자 존 스튜어트 밀(1806-1873)은 **즐거움의 종류를 '만족 content'과 '행복 happiness' 둘로 나누었습니다.** 그리고 이런 명언을 남겼죠.

"만족하는 돼지보다 불만족스러워하는 인간이 낫다. 또 만족하는 바보보다 불만을 느끼는 소크라테스가 낫다."[4]

흔히 밀을 질적 쾌락주의자라 합니다. 그의 스승 격인 영국의 철학자이자 법학자인 제러미 벤담(1748-1832)은 행복의 총량을 계산할 수 있다고 했지만 밀은 그것만으로 공리주의(이익을 가져오는 행위가 우월하다는 사조)를 이야기하기엔 부족하다고 여겼습니다. 즐거움

(이익)에는 질과 격이 있어서 단순 총량으로 계산할 수 없다고 생각했기 때문입니다. 밀의 관점에서 게임의 즐거움과 공부의 즐거움은 격이 다릅니다.

부모는 처음 아이를 만났을 때 아이가 행복한 삶을 살기를 소망합니다. 단순히 아이의 만족을 위하는 길은 귀찮지만 어려울 건 없습니다. 목마를 때 물을 주고, 배고플 때 밥을 주고, 게임을 하고 싶을 때 게임기를 주면 됩니다. 하지만 그건 돼지를 키우는 방식입니다.

아이에게 좀 더 '차원 높은 즐거움'을 주는 방식은 그렇게 쉽지 않습니다. 아이에게 순간에 큰 만족을 주는 무언가를 참으라고 하거나 혹은 많은 힘이 드는 무언가를 지속할 수 있는 끈기를 요구하기 때문입니다. 하지만 아이는 그런 경험을 통해서 '힘들지만 즐거운 일'이 무엇인지 알게 됩니다. 배부른 돼지보다 배고픈 소크라테스 되는 것, 이 연습은 초등학교에 입학하면서부터 조금씩 훈련을 시킬 필요가 있습니다.

8살 호야는 179m의 산 정상에 올랐다고 해서 즐거움을 느끼진 않았던 것 같습니다. 빨리 내려가자는 말만 했으니까요. 하지만 앞으로 브롤스타즈 게임을 할 때 얻는 즐거움과 차원이 다른 즐거움은 어떤 것인지 조금씩 이야기해 나가려고 합니다. 다음은 그 '즐거움에 대한 토론'에 도움이 될 밀의 이야기입니다.

"행복과 만족은 전혀 다르다. 즐거움을 향유하는 능력이 낮은 사람일수록 손쉽게 만족을 느낀다. 반면 수준이 높은 사람은 자신이 도달할 수 있는 행복은 언제나 불완전할 수밖에 없다고 느낄 것이다. 그러나 그런 불완전함을 감내할 만하다면 그는 그것을 인내하는 법을 배우게 될 것이다."

독서도, 공부도, 등산도 그렇죠. 하면 할수록 쉽게 만족하지 않습니다. 우리 아이들이 밀의 말대로 즐거움을 향유하는 능력이 높은 사람으로 성장하면 이 과정을 인내하는 법을 배울 것입니다. 그리고 읽기 어려운 책을 읽은 후에 얻은 감동, 어려운 코스를 넘어서 등정했을 때의 후련함을 경험하게 될 것입니다.

마찬가지로 풀리지 않았던 수학 문제를 해결했을 때의 희열도 경험하게 되겠죠? 아이들이 공부는 재미없다는 명제를 쉽게 받아들이지 않았으면 좋겠습니다. 그러려면 우리 부모들부터 공부와 배움에 대한 관점을 바꾸어야 하겠죠.

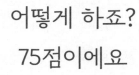

어떻게 하죠?
75점이에요

초등학교 3학년 자녀를 둔 어떤 어머니가 가정 통신문으로 아이의 수학 성적표를 받았는데 75점이라 충격을 받았다고 합니다. 그동안 아이 공부에 신경을 쓰지 않았다면서 학원을 알아보겠다고 하시더군요.

큰일 난 듯 말씀하셨지만 어디선가 볼 수 있는 익숙한 장면입니다. '성적 → 충격 → 학원'은 우리나라 부모들이 경험하는 전형적인 패턴이고 그 경험을 좀 일찍 하게 되었을 뿐입니다. 그런데 고등학교를 졸업할 때까지 앞으로 10년을 반복할 일이라면, 부모들은 자녀들이 받아오는 '점수'에 반응하는 현명한 태도를 일찍부터 가질 필요가 있습니다.

우선 틀린 문제는 아이의 발전을 위한 중요한 데이터라는 점을 알아야 합니다. 75점은 실망스러울 수 있지만 틀린 다섯 문제는 소중합니다. 저는 호야가 어떤 문제를 틀렸을 때 이렇게 말합니다. "다 맞는 것보다 조금씩 틀리는 게 더 나아." 그러면 호야는 의아한 표정을 짓고 "왜?"라고 되묻습니다. 그러면 "그래야 네가 부족한 점을 알고 발전할 수 있으니까"라고 표현해 줍니다.

아이에게 문제를 틀리는 건 잘못이 아니라 오히려 환영해야 할 일이라는 관점을 심어주면 어떨까요? **75점은 죄가 아닌 25점의 발전을 위한 데이터일 뿐입니다.** 점수를 보고 실망하기보다 그 발전을 어떤 방식으로 해야 할지 고민하고 실천하는 일이 중요합니다.

호야도 언젠가 75점을 받아오는 일이 있을 겁니다. 실력이 모자라서 혹은 문제가 너무 어려워서일 수도 있겠죠. 다만 점수를 가지고 "너 점수가 이게 뭐야? 왜 공부 안 했어?"와 같은 반응은 보이지 않으려고 합니다.

대신 아이가 틀린 문제를 함께 검토한 후에 그걸 보완할 수 있는 적당한 교재를 구매해서 풀어보게 할 것입니다. 도움이 되는 교양서도 함께 구매해서 읽어보게 하면 좋겠죠. 그렇게 집에서 지도할 수 있으려면 부모가 아이의 약점에 대해서 파악하는 노력 정도는 기울여야 합니다.

또한 다른 친구의 점수와 비교하면서 꾸짖는 것은 더욱 해서는 안 될 일입니다. 남과의 비교는 모든 불행의 씨앗이고 아이의 자존감을 떨어뜨리는 지름길이거든요.

"너 커서 뭐가 되려고 그러니?"와 같이 부모의 불안감을 아이에게 전이시키는 대화도 곤란합니다. 누군가의 불안감을 조장하는 사람은 훌륭한 사람이 아니죠. 대상이 사랑하는 자녀라고 해서 달라지지 않습니다. 결국 자녀의 길은 자녀가 만들어가야 하고 부모는 그 과정을 도와주는 역할에 그쳐야 합니다.

앞으로 아이들은 수많은 시험을 보고 그 수만큼의 점수를 들고 올 것입니다. 그 점수로 아이가 죄책감이나 좌절감을 느끼게 하지 않았으면 합니다. 당면한 문제를 해결하는 역량을 주체적으로 키워나가는 계기로 삼으면 즐거운 과정이 될 수도 있지 않을까요.

얼마 전 호야에게 수학 문제를 풀게 하고 채점을 했는데 정말 쉬운 문제를 틀렸더군요. "너 이 문제는 왜 틀렸어?" 하니까 호야가 이렇게 변명합니다. "아빠가 다 맞는 거보다는 틀리는 게 더 좋은 거라며?"

요즘 아이들은 아주 똑똑합니다.

경쟁은
나쁜 걸까요?

얼마 전 호야가 방과 후 학습에서 마술 놀이를 신청하더니 요즘 아빠에게 열심히 마술을 보여줍니다. 그림을 그린 후에도, 악보를 연주한 후에도 그렇습니다. 이렇게 아이들은 무언가 할 줄 알게 되면 우선 자랑을 하는데 그걸 보고 들어주는 게 또 부모의 일입니다.

때로는 자신이 그린 그림 2장을 앞에 놓고 "아빠는 어느 그림이 더 좋아?"와 같이 난도 높은 반응형 질문까지 해댑니다. 그런 아이에게 친구를 더 칭찬하면 "아빠는 왜 내 편이 아닌데?!" 하며 서운함에 난리가 납니다.

아이들의 꾸밈없는 모습을 보면 어른들이 감추고 있는 인간의 본성들을 확인할 수 있습니다. 그 가운데는 허영심과 경쟁심이 있습니다. 한편 이것들보다 느낌이 좋은 본성들도 있습니다. 측은지심 같이 남을 배려하는 너그러운 마음이요. 옛날부터 이런 관찰에서 인간의 마음은 선한지 악한지 하는 논의들이 있었습니다.

분명한 건 이런 심리들은 정도의 차이가 있을 뿐 누구나 갖고 있다는 점입니다. 그리고 양육 과정에서 아이들의 허영심과 경쟁심을 이해하는 건 정말 중요합니다. 고전 경제학의 아버지라는 애덤 스미스(1723-1790)의 목소리를 잠시 들어보겠습니다.

"교육의 위대한 비밀은 허영심을 적절한 대상으로 향하도록 하는 것이다. 자녀가 사소한 성취를 가지고 자신을 지나치게 높게 평가하는 것을 그냥 내버려두어서는 안 된다. 하지만 정말로 중요한 일의 성취에 대해 자부심을 갖는 것을 언제나 억제해서도 안 된다. 그런 것들을 소유하고자 진지하게 욕구하지 않는다면 그는 그러한 성취들을 위해 감히 나서지 않을 것이다. 그러므로 이러한 욕구를 격려해 주어야 한다."

- 『도덕감정론』[5]

다시 말해 **아이의 허영심을 억제할 게 아니라 방향을 잡아주고 격려하자는 것입니다.** 그러면 자녀들이 성취하고 싶은 무엇을 향해 더 적극적으로 나선다는 것이죠. 억제되지 않는 인간의 욕망을 아무리 억제해 봐야 소용이 없습니다. 문제는 오히려 억지로 허영심과 경쟁심을 부추기는 부모의 태도입니다.

자녀와 피해야 할 대화가 있습니다. "너는 자존심도 없니?"입니다. 부모들이 자주 보이는 반응이죠. 부모는 답답해서 하는 이야기겠지만 아이들에게는 자존심도 허영심도 경쟁심도 본래 있습니다. 다른 아이에 비해 잘 못한다는 이유로 그런 심리를 끄집어내는 건 분발보다 자책감이나 좌절감을 심어줄 수 있습니다.

우수한 아이들이 모여서 경쟁하는 국제중이나 외고, 특목고 등에 보내는 것도 물론 좋습니다. 그러나 그 과정은 자연스럽게 이루어져야 합니다. 경쟁심을 조장하고 다그치는 부모의 자세는 아이의 자존감 형성에 치명적으로 잘못된 일입니다. 경쟁심을 갖고 있지 않은 사람은 없습니다. 그러니 다그치기보다 그 심리를 이해하고 격려하는 전략적 양육자가 되어야겠죠.

그런데 **스미스의 교육론을 제대로 이해하려면 그의 행복론도 함께 알아야 합니다.** 그는 경쟁심을 활용하자고 했지, 경쟁심이 인간을 행복하게 만든다고 하지 않았거든요. 그리고 행복은 경쟁의 승리로 쟁취되는 것이 아니라 지금 이 순간 결단하기에 달려 있다고도 했습니다. 아무리 초라한 상황에서도 우리는 행복할 수 있으며 그러한 상황에서 행복을 발견하지 못하는 사람은 나중에 상황이 나아졌다 하더라도 결코 행복을 발견할 수 없다고요.

결국 스미스에 따르면 경쟁심은 우리가 행복을 추구하는 과정에서 약이 될 수도 있고 독이 될 수도 있습니다. 다만 인간은 결코 피할 수 없는 감정이기 때문에 훌륭한 교육자라면 그 감정을 활용할 줄 알아야 한다고 말했던 것입니다.

인간에게는 완전한 감정들이 있고 또 불완전한 감정들이 있습니다. 사랑과 행복감, 배려심과 우정 등은 전자, 허영심이나 경쟁심은 후자에 해당합니다. 우리 아이들은 이런 것을 모두 갖고 있습니다. 완전한 감정은 그냥 좋다고 할 수 있지만 불완전한 감정은 좋은 결과를 낳을 수도 나쁜 결과를 낳을 수도 있습니다. 다만 불완전한 감정들을 어떻게 활용하고 이끌지는 부모의 역량에 달려 있습니다.

앞으로 아이가 한껏 자랑할 때 "그래 너 최고야!"라고 해주세요. 혹 시험에서 1등을 하면 함께 기뻐하겠죠. 하지만 행복이란 먼 훗날의 결과가 아니라 지금의 과정에 있음을 항상 아이에게 알려주어야 합니다. 그런데 우리 부모들이 먼저 이 태도를 갖춘다면 굳이 알려주지 않아도 괜찮을 것 같습니다. 아이도 자연스럽게 그렇게 되지 않을까요?

부모를 위한 인문 고전의 문장들

▶ 칭찬이든 꾸중이든 그 출처는 같다. -아이작 로젠버그

예쁜 행동에 대한 칭찬은 교육적으로 좋습니다. 하지만 아이가 남의 시선을 기준으로 살아가지 않도록 유의해야 합니다.

▶ 도구를 써서 사물을 규격에 맞추려고 하면
사물의 본성을 해치게 된다. -장자

물건은 어디든 끼워 맞추어도 괜찮습니다만 사람은 그렇지 않습니다. 아이의 본성을 발견하고 이끌어야지 부모가 만들어 놓은 틀에 끼워 맞추는 양육은 곤란합니다.

▶ 교육의 위대한 비밀은
허영심을 적절한 대상으로 향하도록 하는 것이다. -애덤 스미스

허영심과 욕심은 모든 사람의 본성입니다. 아이의 욕심을 억제하기보다 발전적인 방향으로 이끌어주십시오.

등대 육아

자녀를 위한 인문 고전의 문장들

▷ 행복과 만족은 전혀 다르다.
즐거움을 향유하는 능력이 낮은 사람일수록 손쉽게 만족을 느낀다. - 존 스튜어트 밀

즐거움에는 두 가지 종류가 있습니다. 아이에게 게임을 할 때 얻는 순간적인 만족과 독서를 할 때 얻는 지속적인 만족의 차이를 구분해서 알려주십시오.

▷ 희망을 버리는 건 어리석어. 그건 죄야. - 어니스트 헤밍웨이

아이가 성장하면서 원하지 않는 상황과 마주칠 수 있습니다. 어떤 상황이라도 희망을 놓치지 않도록 격려해 주십시오.

▷ 군자는 자기에게서 구하고 소인은 남에게서 구한다. - 공자

아이들이 남 탓을 하거나 부모 탓을 할 때 '자기 탓'을 먼저 살피라고 말해주세요.

부모가 진정으로
가르쳐주어야 할 일

아이와 함께
캠핑을 가는 이유

얼마 전 주말 과천에 있는 서울대공원의 캠핑장에 다녀왔습니다. 서울 근처에 이렇게 한적하면서도 관리되는 곳이 있다니 의외였습니다. 또 이곳은 통제 구역이어서 대공원의 놀이동산에서와 달리 사람의 흔적이 거의 없었습니다. 산책길을 거닐어보니 캠핑장 쪽으로 내려오는 등산객도 보이질 않아 더 자연 속에 들어온 느낌이었습니다.

부모가 되면 아이와 놀아주기 위해 주말 나들이를 나가니 이전보다 숲을 볼 일이 더 많습니다. 아이들의 시선은 자연과 매우 가깝습니다. 프랑스의 곤충학자 장 앙리 파브르(1823-1915)는 어렸을 때부터 곤충들을 유심히 보았다고 하죠. 정도의 차이는 있지만 아이들도 파브르의 호기심과 관찰력을 갖고 있습니다. 식물보다는 동물에 관심이

가고 숲(산)보다 물(바다나 계곡)을 더 선호하는 경향은 있지만요.

대체로 부모들은 자연을 자주 접하게 해주면 아이들의 정서 발달에 도움이 되리라고 생각합니다. 그런데 숲 체험은 그 이상의 의미를 갖고 있습니다. **21세기는 우리에게 '에코 감수성'을 하나의 역량으로 요구하고 있습니다.** 주요 기업의 취업뿐 아니라 고등학교, 대학교 입학 면접에서도 이 감수성을 확인하는 질문을 던집니다.

지속 가능한 지구 만들기는 21세기 인류가 당면한 최대의 과제 중 하나입니다. UN^{United Nations}의 홈페이지에는 지속 가능한 개발을 위한 17가지 목표를 알기 쉽게 정리해 놓았습니다. 그런데 지속 가능성을 상징할 때 주로 쓰이는 이미지가 우리와 멀리 있는 걸로는 북극곰, 가까이 있는 걸로는 숲입니다. 학계에서는 숲과 사람 사이의 공존 및 소통에 대해서 어떤 이야기가 오가고 있을까요?

캐나다의 인류학자 에두아르도 콘은 4년 동안 아마존 밀림에서 생활한 후『숲은 생각한다(차은정 역, 사월의책, 2018.)』[6]를 썼습니다. 이 책에는 재규어, 개미핥기, 대벌레, 솔개, 선인장, 고무나무 등 숲속 생물들의 삶과 생존 전략이 인간의 일상과 얽히고설키는 풍경을 보여줍니다.

콘이 사냥 캠프의 초가지붕 아래에 엎드려 있었을 때입니다. 원주민이 와서 그에게 재규어에게 공격당할 수 있으니 자세를 바꾸라고 경고했습니다. '엎드린 몸뚱이'는 재규어에게 '공격해도 좋은 고기'임을 의미한다고 합니다. 재규어의 눈으로 세상을 볼 수 있어야 아마존에서 생존할 수 있다는 겁니다.

등대 육아

동물은 그렇다 치더라도 숲도 사람처럼 생각할 수 있을까요? 숲에도 영혼이 있을까요? 콘의 메시지는 "그렇다"입니다. 물론 식물의 생각이 사람과 같은 양태일 리는 없습니다. 하지만 식물도 그들 나름의 기호를 통해 사유하고 소통하고 있다는 것입니다.

인간 중심의 사유에서 벗어날 때 우리는 이 소통을 받아들일 수 있습니다. 인간이 사용하는 언어 또한 온갖 기호의 한 종류에 불과하거든요. 그리고 아마존에서 살아가는 루나족은 재규어의 시야를 넘어서 숲의 눈으로 세상을 바라보는 데 익숙해 있다고 합니다. 그 까닭은 다름 아닌 스스로의 생존을 위해서입니다.

자연을 인간과 구분하지 않는 이러한 사유 방식은 동아시아에서 더 발달했었습니다. 춘추시대의 사상가 노자(B.C.571-B.C.471 추정)와 전국시대의 사상가 장자의 철학은 무위자연無爲自然이라고 해서 자연 자체를 최고의 철학적 가치로 내세웠습니다. 그런데 오늘날 사용하는 '자연自然'이라는 명사는 원래 쓰던 용례가 아니라 개화기에 서구의 'nature'를 번역한 것입니다. 옛날에는 명사가 아니라 형용사로 썼습니다. 그래서 무위자연에서 자연은 '저절로 그렇다.' '스스로 그렇다'를 의미합니다.

그러니 옛날의 자연은 우리가 떠올리는 나무나 강, 바다 이렇게 대상화한 사물이 아니라 그런 것들이 보여주는 모습을 의미합니다. 이를테면 봄이 지나면 여름이 오고, 가을이 오고, 겨울이 오고 그리고 다시 봄이 오는 모습은 억지로가 아니라 저절로(스스로) 그렇습니다. 그런 이치를 '자연'이라고 불렀던 것이죠. 그리고 자연의 이치와 인간의 이치를 따로 구분해 생각하지 않았습니다.

또 중국 남송의 유학자 주희(1130-1200)와 조선의 유학자 퇴계 이황(1502-1571), 율곡 이이(1536-1584) 등 성리학자들을 떠올리면 무언가 엄숙하고 인위적인 느낌을 받을 수 있지만 한쪽 면만 이해해서 그렇습니다. '퇴계退溪'는 '계곡으로 물러남'으로 자연으로 돌아간다는 뜻입니다. 아이들과 안동에 있는 퇴계의 도산서원에 가면 우리 조상들이 어떻게 아름다운 자연과 어우러져 살아가려 했는지 볼 수 있습니다.

퇴계의 라이벌 격인 율곡栗谷의 '곡谷'은 '골짜기'를 의미합니다. 그들의 시조를 보면 어떤 메시지를 전하더라도 반드시 자연을 소재로 이야기합니다. 이렇게 유학은 노자, 장자와는 성격이 다른 또 다른 자연주의 철학입니다.

제4차 산업 혁명 시대에는 디지털 문명에 대한 이해와 함께 에코 감수성을 필수적인 역량으로 요구합니다. 인류학의 성과나 동양의 자연주의에 대해 최근 서구에서 과도하다 싶을 정도로 관심을 기울이고 있는 것도 21세기 인류의 지속 가능한 생존을 위해서입니다. 아이들과 숲에 가는 건 그런 미래를 준비하는 아주 훌륭한 교육입니다.

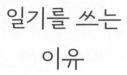

일기를 쓰는
이유

이사 가기 전날엔 짐을 싸다 오래된 일기장을 마주치게 됩니다. 잠시 저의 초등학교 3학년 때 그림일기를 열어보니 피아노 치는 장면이 나옵니다. 수십 년 전 동네 피아노 학원에 어머니와 같이 갔던 기억이 나긴 합니다. 이렇게 적혀 있더군요(맞춤법에 틀린 부분이 있지만 그대로 옮깁니다).

"7월 24일 금요일 날씨: 맑고 구름이 약간 있다. 내가 피아노를 치고 있는데 선생님이 피아노를 언제까지 다닐거냐고 말씀하셨다. 나는 엄마가 방학이 끝날 때까지 다니라고 말씀하셨다라고 말했다. 선생님은 잘 치는 도중에 끝내면 헛수고가 된다고 말씀하셨다. 그래서 나는 끝까지 다닐꺼라고 말했다."

아마 피아노 선생님은 꾸준히 연습해서 피아노가 제 삶의 한 부분이 되기를 바라셨던 것 같습니다. 그런데 당시 별생각 없이 했던 제 확언과 미래는 달랐습니다. 『체르니 40번』을 연습하다 어떤 이유에선지 그만 다녔고 성인이 되어서 다시 재즈 피아노를 배우며 투지를 보이기도 했으나 여하튼 초보적인 수준을 벗어나지 못했습니다.

또 다른 일기장도 열어보았습니다. 4학년이 되자 일기에 그림은 사라졌더군요. 제 초등 일기의 기본 패턴은 통상 그날 일어난 일을 한두 가지 적고 뒤에 간단한 느낀 점 혹은 다짐 같은 것을 붙였습니다. 사춘기에 들어서부터는 짧든 길든 주로 당시 심리의 흐름이 적혀 있습니다. 그러다 보니 그날 무슨 일이 있었는지 알 수 없는 글이 많습니다. 사건 중심에서 심경 위주로 일기의 모습이 바뀌어간 것이죠.

8살 호야도 초등학교에 입학했으니 그림일기를 피할 도리는 없습니다. 먼저 글을 쓰고 난 다음 떠오르는 이미지를 그립니다. 그런데 어디 갔다 온 이야기를 적고는 마지막에 꼭 "다음에도 또 가고 싶다"를 공식처럼 쓰고 있더군요. 저는 늘 있는 일이나 감정은 빼도 괜찮을 듯싶다고 조언했습니다. "매일 아침 눈 뜨는 건 왜 안 적니" 하면서요.

옛날의 저든 지금의 호야든 일기는 왜 쓰는 걸까요? 오래전 고대 그리스의 철학가 소크라테스(B.C.470-B.C.399 추정)는 그에 대한 답을 주었습니다.

등대 육아

"검토되지 않는 삶은 살 가치가 없다."7

"어떻게 살 것인가?"라는 질문은 "세계(우주)는 무엇인가?"와 함께 철학의 원초적인 질문이었습니다. **철학적 삶은 특별한 게 아니라 매일 자신의 하루를 검토(성찰)하며 사는 삶을 뜻합니다.** 철학은 아주 어려운 듯 보이지만 사실 일기를 쓰면 누구나 철학의 질문에 각자의 답을 하면서 살아가게 됩니다.

그런데 대략 비슷한 하루, 하루가 연결되는데 굳이 그 하루를 검토해야 하는 이유는 무엇일까요? 물론 자기계발을 위해서죠. 스스로 성장하고 발전하기 위해서요. 그런데 소크라테스가 말한 검토는 그와 함께 좀 더 내면 깊숙한 곳을 겨냥하고 있습니다. 바로 각자의 '영혼'입니다.

소크라테스에게 삶의 목표는 행복입니다. 그는 불행을 피하기 위해 "스스로의 영혼을 돌보라"고 말합니다. 그럼 영혼을 돌보고 가꾸려면 먼저 무얼 해야 할까요? 우선 그런 게 있다는 걸 인식해야 하겠죠.

그리스인들은 시체와 살아 있는 육체의 차이점으로 영혼의 유무를 들었습니다. 그에 따르면 산다는 건 신체와 함께 있는 영혼이 살아가는 걸 의미합니다. 소크라테스의 "검토되는 삶을 살라"는 말은 곧 "당신의 영혼에 대해 매일 적어보라"는 것입니다. 그러면서 더 유명한 말도 남겼죠. "너 자신을 알라."

매일 무언가를 기록하고 적으면 자신의 영혼을 대면하게 됩니다. 그리고 스스로에 대해 알아가게 됩니다. 그리고 자신에 대한 앎(지식)

이 쌓일수록 행복에 가깝게 됩니다. 이를 두고 소크라테스의 '지덕복 知德福 합일'이라고도 합니다.

그의 철학에서 우리가 포착해야 하는 건 어떤 경우에도 주체적인 영혼을 버리면 행복은 가까워지지 않는다는 사실입니다. 내 영혼을 의식하는 것, 그리고 그것을 가꾸어가는 것, 내가 누구인지 더 잘 알아가는 것 등 이 모든 것은 검토되는 하루에서 시작합니다. 그 흔적이 바로 일기입니다.

초등학교에 다니는 자녀라면 모두가 일기를 쓰고 있겠죠. 계속 써나갈 수 있도록 해주세요. 자녀들의 자기주도 학습을 바라나요? 공부하라는 말보다 "너 오늘 일기 썼니?"가 더 효과적인 대화입니다.

앞으로 험난하다고들 하는 세상을 살아갈 자녀에게 정말 필요한 건 무엇일까요. 매일 매일을 검토하는 태도, 즉 성찰하는 자세가 아닐까요.

등대 육아

사과를 받아내기
전에

호야가 어린이집에 다닐 때 살았던 동네는 빌라촌이어서 여러 골목길이 있었습니다. 어린이집을 오가는 길목 중 동네 사람들이 웬만하면 지나다니지 않는 길이 하나 있었습니다. 커다란 맹견 2마리가 인기척이 들릴 때마다 담벼락에서 내려다 보며 짖어댔기 때문입니다.

담이 높기는 하지만 어른인 저도 위협감을 느껴서 피했으니 아이와는 절대로 지나가지 않았습니다. 그 개 2마리는 사람들이 자기를 무서워하는 걸 분명히 알고 있었을 테고 나름의 자존감이나 우월감을 느꼈을지 모릅니다.

어디서 큰소리치는 사람들을 보면 이 맹견들이 떠오르곤 했습니다. 만만해보이면 당하는 시대잖아요. 때로 무서울 때도 있어야 할 겁니다. 특히 내 아이가 부당한 대우를 받았다? 내 일은 참을 수 있지만 우리 아이한테 감히? 그렇죠. 항의할 일은 해야 하니까 이런 말을 하게 됩니다. "이런 일이 있었는데, 우리 애가 기분 나빴다고 해요." 하지만 다음에 나올 멘트는 괜찮은 걸까요? "그러니 사과하세요."

지금은 사과를 요구하는 시대라 여기저기서 이런 말들이 들립니다. 학교에서도 학부모가 교사에게 전화해서 자녀에게 피해를 끼친 아이의 공개 사과를 요구하는 일도 비일비재합니다. 그런데 전 이런 요구는 부당할 수도 있고 전략적으로도 좋지 않다고 생각합니다.

항의는 나의 권리지만 사과는 나에게 결정권이 없기 때문입니다. 사과는 자연스러워야겠죠. 상대방 양심의 자유를 옥죄면 곤란합니다. 부모의 몫은 상대의 잘못에 대해 항의하는 것까지입니다. 사과를 할지 말지, 뻔뻔하게 오히려 화를 낼지 말지는 상대방의 몫입니다. 그리고 **인간관계에서 상대방의 선택에 자신의 입장을 맡기면 휘둘리는 상황을 초래합니다.**

철학적인 관점을 하나 소개하자면 헬레니즘 시대의 한 학파인 혹은 로마제국 시기의 한 학파인 스토아학파 사람들은 외부의 일에 대해 초연할 수 있는 자세를 갖추었습니다. 다른 사람의 태도뿐 아니라 운명적으로 닥치는 시련에 대해서도 마찬가지였습니다. 이 자세는 초점이 상대가 아니라 자신에게 향하고 있습니다. 그저 자기 할 일만 신경 쓰면 된다는 것이죠.

우리 조상들도 '응사접물應事接物'이라 해 매일매일 온갖 인간관계에 응하고 어떤 사건에 접할 때 어떻게 '반응'할지 세심한 주의를 기

등대 육아

울었습니다. 스토아학파든 유학이든 외부의 일, 설령 황당하고 당혹스럽고 분통스러운 일이라 하더라도 '내가 결정할 수 있고 통제할 수 있는 일'에 집중했고 다른 사람의 선택에 휘둘리는 상황에 처하지 않을 것을 각별히 유의했습니다.

항의를 했음에도 상대가 양심 실종 반응을 보이면 저런 인간하고는 상종도 하지 말자고 무시할 수도 있고 다른 조치를 강구할 수도 있습니다. 혹은 억울함을 법에 호소하는 것이 현명한 응사접물의 태도일 수도 있습니다. 다만 어떤 결정이라도 자기 내면의 소리를 들어보는 게 중요합니다.

내가 으르렁거리고 큰 목소리를 낸다면 그 순간은 남이 나에게 함부로 대하지 않을 수 있습니다. 그러나 이는 동네 주민을 위협하는 도사견의 방식일 뿐입니다. 그걸 자존감이라 한다면 남을 향해 평생 으르렁거리고 눈에 힘을 주며 살아가야겠죠.

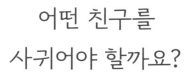

어떤 친구를
사귀어야 할까요?

병원에서 처음 호야를 봤을 때 아이는 한쪽 눈만 조금 뜬 상태였습니다. 그 속으로 보이는 검은 것이 정말 눈동자가 되어서 움직이며 여기저기 돌아다니더군요. 신기한 장면이었는데 아직 사물에 초점을 맞추지 못하는 상태였습니다. 이후 점차 시력이 안정되면서 호야가 세상에서 처음으로 무언가 인식하기 시작한 대상은 자기를 안고 있는 엄마였을 겁니다.

며칠 정도 병원에 있던 호야는 집으로 오지 않고 엄마와 함께 조리원으로 갔습니다. 엄마 다음으로 인식한 대상은 아마 그곳의 선생님과 또래의 아기들이었을 테죠. 일주일에 한 번 방문이 허용된 아빠는 그다음이지 않았을까요.

등대 육아

아이들끼리야 멀뚱멀뚱 보기만 할 뿐 말을 걸 수도 없습니다만 엄마들끼리는 출산 과정의 애환, 남편과 시댁 식구들 이야기로 꽃을 피울 수밖에 없죠. 집에 온 이후에도 조리원 동기 모임에 가끔 아이와 나가더군요. 아이들은 눈빛과 옹알거림으로나마 최초의 친구가 생겼습니다.

어린이집과 유치원에 입학하고서야 비로소 본격적인 교우 관계가 시작됩니다. 우리 아이도 3살 어린이집 입학 첫날 엄마와 찍은 사진이 냉장고에 붙어 있습니다. 표정을 보면 호기심 1/3, 약간의 기대감 1/3, 이건 무슨 상황인가 하는 병벙함 1/3입니다. 다행히 엄마랑 떨어지지 않겠다고 울지는 않았다고 합니다. 호야는 유치원을 안 가고 어린이집에서만 3년을 보냈는데 좋은 친구를 많이 사귀고 가족들끼리 연합해서 제주도도 다녀오고 했습니다.

초등학교에 입학하고 나서야 비로소 독자적인 교우 관계가 형성됩니다. 죽이 맞는 친구가 만들어지기 시작하죠. 이때부터 고등학교를 졸업할 때까지 큰 패턴의 변화는 없어 보입니다. 얼마나 자주 만나는지와 둘 사이에 비밀이 있는지 없는지로 친구와의 거리가 측정됩니다. 그런 와중에 우리는 어린 시절, 우리의 부모들에게 나름 서운했던 기억은 잊어버리고 '전통적인 부모의 친구관'을 품게 됩니다. "친구를 가려 사귀어라." "커 보면 어릴 때 친구는 별 필요가 없단다" 등의 전통적인 부모의 친구관 말입니다.

친구와 관련해서 『논어』에는 부모들이 좋아할 문구가 하나 있습니다.

"나보다 못한 이를 친구로 삼지 마라."

(無友不如己者.)

한 마디로 친구를 가려 사귀라는 말입니다. 그런데 공자가 언급한 '나보다 못함'이 무얼 의미하는지 잘 들여다볼 필요가 있습니다. 혹시 나보다 성적이 떨어지는 친구일까요? 우리집보다 돈이 없는 친구일까요? 공자는 자신보다 못한 친구를 그런 기준으로 삼지 않았습니다. 특히 경제력으로 친구를 평가하는 일은 공자가 몹시 혐오할 일에 해당합니다. 이 문구에 대한 주희의 설명은 이렇습니다.

"친구란 인仁을 돕는 사람이니 자기라만 못하면 유익함은 없고 손해만 있게 될 것이다."

『논어』 전체의 분위기를 볼 때 주희의 풀이가 공자의 뜻에 딱 들어맞는다고 생각합니다. **더 낮고 못하고의 기준은 '인仁'입니다. 인仁은 사람人이 둘二 있다는 뜻입니다.** 그래서 다산 정약용은 모든 인간관계의 문제는 인仁의 태도로 해결할 수 있다는 말을 했습니다. 인仁은 어짊, 너그러움, 사람다움, 사랑 등 여러 용어로 번역되는데 요즘 교육 용어로 바꾸어보자면 인성에 해당합니다.

호야가 초등학교 1학년 때 오후 돌봄 교실에서 자기를 한 대씩 치는 아이가 있다는 말을 한 적이 있습니다. "너한테만 그러니, 아니면 다른 애들한테도 그러니?"라고 물으니 다른 애들에게도 그렇다는 겁니다. 들리는 이야기로 아이가 또래에 비해 덩치가 크다고 합니다.

우선 호야에게 그런 친구는 상대하지 말고 피하는 게 좋겠다고 했습니다. 호야보다 못한 친구로 보였거든요. 그리고 고민하는 아이 엄마에게 굳이 선생님께 먼저 이야기할 필요는 없다는 의견을 주었습니다. 어차피 다른 엄마들을 통해서도 선생님이 들어서 알고 있을 것 같아서요. 나중에 연말 학부모 상담 때 가보니 선생님이 이미 알고 있더군요.

사실 저는 『논어』의 위 문구를 좀 더 일찍 접했으면 하는 아쉬움이 있습니다. 어릴 때부터 친구를 가리지 않고 사귀었고 그게 제 장점 중 하나라고 생각했었던 때도 있었거든요. 그러다 보니 모범생도, 별 특성이 없는 친구도, 날라리도, 약간 폭력적인 친구도 제 주변에 있었죠. 그런데 살다 보니 인성이 많이 부족한 사람은 가까이 하지 않음만 못하다는 걸 알게 되었습니다.

나이 마흔이 넘어서야 SNS와 메신저 속 친구들을 '인仁'을 기준으로 분류해 보았습니다. 그리고 저와 비슷하거나 더 나은 사람들을 추려본 후 앞으로 이들을 좀 더 자주 만나고 신경 써야겠다고 생각했습니다. 붕우유신朋友有信이란 말에서 보이듯 우리 조상은 '믿을 수 있는 친구'를 사귀라고 조언합니다. 대신 스스로도 남들이 신뢰할 만한 사람인지 돌아보아야 하겠죠.

그리고 요즘 애들은 어릴 때부터 친구의 경제력을 이야기하곤 합니다. 하지만 태어날 때부터 집의 평수나 자동차로 친구를 평가하는 자발성을 갖춘 아이는 제가 아는 한 없습니다. 아이들은 어른으로부터 들었기 때문에 그것을 기준으로 자기보다 낮고 못하고의 차이를 생각하기 시작합니다.

경제적인 수준과 학업 성적으로 친구를 가리는 발상은 논리적으로 매우 취약합니다. 저 아이가 나보다 가난하기 때문에 거리를 둘 존재라면 나는 나보다 부유한 아이에게서 배제될 것이니까요. 저 아이가 나보다 수학 점수가 낮아서 거리를 둔다면 나는 나보다 성적이 우수한 아이에게서도 멀어져야 할 테니까요. 학교 성적이 안 좋아도, 가난해도 좋은 친구가 되는 데는 아무 문제가 없습니다. 그것과 친구의 조건인 '믿을만함'은 아무 상관이 없기 때문입니다.

어릴 때는 좀 더 폭넓게 친구들을 사귈 필요가 있습니다. 하지만 더불어 인성이 좋은 친구를 옆에 두는 습관을 들일 필요도 있습니다.

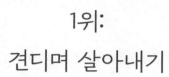

1위:
견디며 살아내기

"한국의 자살률이 경제협력개발기구OECD 회원국 1위를 다시 한번 기록했다. 전체 자살 사망자 수는 소폭 줄었지만 10·20대 자살률이 크게 늘어나는 등 내용은 더 악화했다. 20대의 자살률은 19.2명에서 21.7명으로 12.8% 급증했다. 10대도 5.9명에서 6.5명으로 9.4% 늘었다.

좀 더 자세히 들어가보면 20대 여성 자살률이 16.6명에서 19.3명으로 16.5%나 증가했다. 10대 남성 자살률이 5.5명에서 6.5명으로 18.8% 늘어난 점도 주목할 부분이다."[8]

이 기사를 보면서 10대에 접어드는 호야를 쳐다봤습니다. 왜 쳐다보는지 싶어 흘끗 고개를 돌리는 호야와 눈을 맞추며 생각해 봅니다. 누구에게나 살면서 버티기 어려운 순간이 찾아오고 호야도 그런 순간이 있을 겁니다. 그때 저는 아이가 찾을 버팀목이 되어줄 수 있는 부모일까요.

제가 고등학교를 졸업할 때까지는 주변에 이런 종류로 크게 놀랄 일이 있지는 않았습니다. 하지만 20대가 되자 가끔씩 비보가 들리기 시작했습니다. 모범적이고 착했던 초등학교 동창이 열차가 진입할 때 그런 선택을 했습니다. 모두가 가고 싶어 했던 S대에 입학한 다른 동창 1명은 입학 후 얼마 안 있어 아파트 베란다에서 극단적인 선택을 했습니다. 그로부터 몇 년 후에는 미국에 있던 국내 최고 재벌가 딸의 소식도 들렸습니다.

사람의 내면은 상당히 복잡해서 피상적으로 드러나는 것만으로는 그 내면의 고통을 알 길이 없습니다. 다만 그들은 그 순간 살아감, 즉 삶이 두려웠던 것 같습니다.

부모로서 제 아이에게 갖는 최우선의 바람이 있습니다. 세상에서 말하는 성공은 두 번째 혹은 세 번째입니다. 성공이라는 말은 정확히 손에 잡히지 않는 허상의 언어입니다. 또 그게 실체가 있는 언어라 하더라도 부모가 아니라 아이의 몫입니다. 그것도 주관적으로요.

저는 아이가 세상을 잘 견디면서 살아내기를 희망합니다. 어떤 상황에서도 삶을 포기하지 않고 감내하기를 바랍니다. 미숙해 넘어져도 다시 일어나고, 세상에 자기 혼자 외에는 아무도 없다는 느낌을 받을 때도 여행을 떠나 훌훌 털어낼 수 있는 사람이 되기를 바랍니다. 그런 삶

등대 육아

에 대한 태도를 갖추도록 하는 게 부모로서 저의 1차적인 의무입니다.

제가 『논어』에서 가장 좋아하는 문구가 있습니다.

"반드시 그래야 하는 것도, 반드시 그래서는 안 되는 것도 없다."
(無適也 無莫也.)

살다 보면 어떤 벽에 갇혀 있다는 느낌을 받는 순간이 있습니다. 이때는 탈출구가 없어 보입니다. 이 벽 앞에서 좌절할 수 있지만 그럴 때는 조금 쉬어도 괜찮습니다. 또 반드시 그 벽을 뚫어야만 하는 것도 아닙니다. 세상에는 수많은 길이 있으며 우리는 다른 길을 선택할 수도 있습니다.

부모도 자녀를 대할 때 "너는 반드시 어떠해야 한다" 혹은 "적어도 이 정도는 해야 한다"는 관점을 버려야 합니다. 아이에게 벽을 치는 부모가 아니라 길을 열어주는 사람이 되어야 합니다. 100명의 삶이 있다고 할 때 100명의 길이 있다는 것을 받아들여야 합니다. 부모는 아이가 손을 내밀 때 끌어주고 넘어지려고 할 때 뒤에서 받쳐주는 후견인이 되어야 한다는 건 이런 이유 때문입니다.

우리는 때로 잊고 있습니다. 부모가 해야 할 진정한 일이 무엇인지에 대해서를 말입니다.

부모를 위한 인문 고전의 문장들

▷ 단 두 사람도 동일한 어려움을 공유하지 않는다. - 윌리엄 제임스

아이가 겪는 고민은 어른들이 생각하는 것만큼 단순하지 않습니다. 그 때문에 극단적인 선택을 하는 청소년이 늘고 있습니다. 아이가 어려움을 겪을 때 지레짐작하지 말고 좀 더 내면의 깊은 곳을 이해하기 위해 노력하십시오. 우리 아이만이 갖고 있는 슬픔에 대해서요.

▷ 부모는 자신도 모르게 아이들을 자신들과 유사한 존재로 만들고
  그것을 교육이라고 부른다. - 프리드리히 니체

아이는 부모의 소유물이 아니라는 점을 늘 마음속에 간직해야 합니다.

▷ 반드시 그래야 하는 것도 없고,
  반드시 그래서는 안 되는 것도 없다. - 공자

'반드시' '확실히' '어떤 일이 있어도' '무슨 수를 써서라도' 등은 어떤 것에 집착할 때 쓰는 언어들입니다. 양육의 과정에서는 유연함과 융통성이 필요합니다.

등대 육아

자녀를 위한 인문 고전의 문장들

▶ 검토되지 않는 삶은 살 가치가 없다. -소크라테스

_____

_____

아이에게 일기는 숙제가 아니라 평생 동안 쓰는 거라고 알려주십시오.

▶ 나보다 못한 이를 친구로 삼지 말라. -공자

_____

_____

인성이 나쁜 아이는 가까이 하지 않는 게 상책입니다.

▶ 시련이 닥치면 오직 그 시련을
   어떻게 활용할 수 있을지 생각하는 데 집중하라. -마르쿠스 아우렐리우스

_____

_____

아우렐리우스는 "시련은 비록 힘들지만 더 좋은 걸 만들어내는 재료가 된다"고 말했습니다. 아이들이 어떤 이유로 힘들어할 때 이 메시지를 들려주면서 격려해 주세요.

2장

무엇을
어떻게 가르칠까?

문해력
키우기

독서법은
없다

최근 대실 헤밋의 『몰타의 매』라는 추리 소설을 읽었습니다. 엄청난 가치를 지닌 매 모양의 유물을 두고 펼쳐지는 살인 사건을 다루었는데, 사실 평소 읽어온 장르가 아니어서 그 작품의 묘미를 평론가들이 극찬한 만큼은 느끼지 못했습니다. 플롯의 전개에 대한 제 이해가 따라가지 못했던 것도 같습니다. 하지만 만약 추리 소설을 계속 읽어간다면 틀림없이 해당 장르에 대한 독해가 이전보다는 빠르고 정확해질 것입니다.

영화로도 만들어졌던 SF Science Fiction 소설 『마션(앤디 위어 글, 박아람 역, 알에이치코리아, 2021.)』도 읽어보았습니다. 화성 탐사를 갔다가 사고로 혼자 남게 된 주인공(다른 동료들은 무사히 탈출했습니다만)이 구조될 때까지 화성에서 자력으로 생존해 가는 이야기였습니다. 설정의 흥미진진함에 비해 화성에서 펼쳐지는 일들에 대한 과학적 설명이 장황하고 세세한 묘사가 부담스러워서 어렵사리 읽었습니다. 하지만 이 장르의 책을 계속 읽어간다면 분명히 SF 문학에 대한 문해력도 높아질 것입니다.

제 최근의 독서를 소개한 까닭은 아이의 문해력도 다르지 않다는 이야기를 하고 싶어서입니다. 요즘 문해력에 대한 관심이 높아진 배경은 이렇다고 합니다. '똑똑한 줄만 알았던 우리 아이가 초등학교에 들어가서 글을 읽는 능력이 떨어진다는 걸 알게 된다' '수학 실력은 높은데 문제의 글을 이해하지 못해서 풀지 못한다' '중학교에 들어가니 초등학교 때 그보다 더 똑똑할 수 없어 보였던 아이들의 성적표를 보고 충격을 받는다' 등입니다.

그리고 그 책임 소재로 아이의 독서 습관을 의심의 눈초리로 보게 됩니다. 그러면서 "책장을 넘기기만 하고 깊이 있게 읽지 않는 것 같아. 책을 좀 더 천천히 문장을 곱씹으면서 읽어." "비판적으로 생각하면서 읽어" 같은 잔소리를 하게 되죠. 그리고 이 능력을 키우기 위해 어떤 특별한 방법은 있는지 또 올바른 독서법이 무엇인지 알아보려 합니다.

결론부터 말씀드리겠습니다. 글을 읽는 것(독서)과 독서의 심화 활동(토론하기, 서평 쓰기) 이외에 문해력을 키우는 특별한 방법은 없습니다. 그저 "좋은 책을 편식 없이 많이 읽어라"라는 당연한 말을 해줄 수밖에 없습니다. 어떤 사람이 "추리 소설은 이렇게 읽어야 해, SF 소설은 이렇게 읽어야 해"라고 제게 한두 마디의 조언을 해줄 수는 있습니다. 그러나 그런 이야기가 길어지면 오히려 제 독서를 방해하게 될 수도 있습니다. 아이들도 마찬가지입니다.

얼마 전 현대 추리 소설의 시초로 불리는 애드거 앨런 포의 『도둑맞은 편지』를 읽어보았습니다. 해당 장르에 대한 이해가 한결 높아지는 느낌이었습니다. 독서란 그렇게 글을 읽는 사람 스스로 감을 잡아가는 과정이지 누군가가 개입해서 해당 감을 끌어올려 주는 과정이 아닙니다.

예를 들어, 레고의 설명문을 본다고 생각해 보겠습니다. 아이는 그 설명을 보면서 레고를 조립합니다. 그 설명서를 어떤 방식으로 읽는 게 바람직하다고 이야기할 필요는 없겠죠? 네가 책을 '잘못' 읽고 있다고 지적하는 건 마치 조립식 장난감의 설명서를 '잘못' 보고 있다고 말하는 것과 비슷한 불필요한 이야기입니다.

"반찬을 골고루 먹어라." "너무 짜거나 맵게 먹으면 건강에 좋지 않다"는 정도와 기초적인 식사 예절까지는 가르치지만, 네가 먹는 방법을 잘못 알고 있다고 이야기하지 않습니다. 말하고 읽고 쓰는 언어 행위는 밥을 먹는 것처럼 그냥 사람이 살아가면서 응당 따라오는 행위이지 바른 방법이 따로 있지 않습니다. 맞춤법과 띄어쓰기 등의 약속을 준수한다면 그다음은 당사자가 자율적이고 창의적이며 비판적으로 언어 활동을 수행할 수 있습니다.

중요한 건 독서에 대한 흥미를 갖고 있냐 아니냐입니다. 우리 아이의 문해력이 부족하다고 느낀다면 독서의 심화 활동을 추천합니다.

독서를 넓게 보자면 읽기 이외에 토론하기와 쓰기가 포함됩니다. 같은 내용을 읽은 다른 사람의 생각을 들어보면 내가 놓쳤거나 미처 생각해보지 못했던 견해를 접하게 되어 자신의 독해에 입체성을 더하게 됩니다.

그리고 서평(독후감)보다 더 좋은 글쓰기 연습은 없습니다. 서평 쓰기는 해당 독서의 완결이자 읽기 능력을 증진시키는 최적의 방식이기도 합니다. 어렵게 생각할 것이 아니라 독서 일기의 형태로 일기장에 편입시키면 좋습니다.

읽기·토론하기·쓰기 이 삼박자를 겸하고도 문해력이 높아지지 않는 사람은 없습니다.

왜 어휘력을
늘려야 할까?

가끔 퇴근길에 유튜브 먹방을 보면서 식욕을 고조시키곤 합니다. 전문 먹방에서는 맛을 좀 더 세밀하게 표현하는데 한 해산물 전문 채널 운영자는 유독 "녹진하다"라는 말을 자주 씁니다. 무슨 뜻인가 사전을 찾아보니 이렇게 나옵니다. "약간 촉촉하고 끈끈하다."

해산물은 대체로 물기가 있으니 이 표현이 이해가 되었습니다. 두 번째 뜻을 내려 보니 사람의 특성을 표현하기도 합니다. "성질이 부드러우면서 끈기가 있다"라며 "어제 만난 그 사람은 보기보다 녹진한 데가 있었다"라는 예시를 붙여놓았습니다.

아마도 채널 운영자는 대략 '촉촉하고 부드러우면서 (씹었을 때 금방 부스러지지 않는) 끈끈한' 해산물의 맛을 느꼈을 때 이 언어를 애용하는 듯했습니다. 세 가지 정도의 식감을 조합했다고나 할까요. 그러니 '녹진하다'는 단어가 어떤 의미인지 알면 운영자가 전달하고자 하는 내용을 더 잘 이해할 수 있습니다.

누군가의 말과 글을 잘 이해하기 위해서는 이렇게 다양한 어휘를 더 잘 알고 있을 때 유리합니다. 그런데 철학의 관점 몇 가지를 통해 언어를 이해하면 아이들의 문해력 향상을 위한 도움을 얻을 수 있습니다.

첫째, 문해력은 단지 글을 이해하는 능력만이 아닙니다. 그것은 동시에 세상을 이해하는 힘이고 심지어 세상을 경험할 수 있는 힘을 의미합니다. 아이든 어른이든 나이와 무관하게 더 많은 어휘를 알수록 더 많은 세상을 경험할 수 있습니다.

20세기 영국의 철학자 루트비히 비트겐슈타인(1889-1951)은 '언어그림이론'이라는 걸 이야기했습니다. 언어가 세상을 그려낸다는 의미인데, 달리 말하자면 우리는 자신이 갖고 있는 언어의 범주 안에서만 세상을 그려낼 수 있고 이해할 수 있습니다.

A가 1만 개의 어휘를 활용하고 B가 1,000개의 어휘를 활용한다고 해보겠습니다. 그리고 A와 B가 1년 동안 함께 세계 여행을 했다고 가정해 보겠습니다. 그들은 표면적으로 동일한 세상을 경험한 것 같지만 그렇지 않습니다. 강아지 C까지 여행에 합류했다고 해보죠. A와 B와 C는 공간적으로 분명히 같은 것들을 경험했습니다. 하지만 그 경험의 내용은 같지 않습니다.

'사람의 기준'으로 설명할 때 강아지는 인간의 어휘력이 없기 때문에 그 언어로는 아무것도 그려낼 수 없습니다. B는 1,000개의 어휘 범주 안에서만 세상을 이해할 수 있습니다. A는 1만 개의 어휘 범주 안에서만 세상을 이해할 수 있습니다. 이처럼 어휘력을 키운다는 것은 언어철학자들의 관점에서는 그만큼의 세상을 더 경험하고 이해할 수 있다는 걸 의미합니다.

둘째, 어휘는 단순히 생각을 전달하는 수단이 아닙니다. 어휘는 생각을 만들어냅니다. 이것을 언어의 '생성적(창조적)' 기능이라고 합니다.

대부분 사람은 무언가를 생각한 다음 그걸 언어로 전달한다고 여깁니다. 그러니까 언어란 생각을 전달하는 수단 정도로 받아들이죠. 하지만 그 생각은 무엇을 가지고 할까요? 그렇습니다. 언어를 가지고 합니다.

'녹진하다'는 어휘를 배우기 전에는 녹진한 맛에 대해 생각할 수 없고 '감칠맛'의 뜻을 알기 전에는 감칠맛을 느낄 수가 없습니다. 마찬가지로 '사랑'이라는 어휘를 배우기 전에는 사랑에 대해 생각할 수 없습니다. 그렇다면 말이 먼저일까요, 생각이 먼저일까요? 언어와 생각의 관계는 닭과 달걀의 관계처럼 서로에 의존합니다.

아이에게 말을 가르쳐줄 때 이 두 가지 관점을 염두에 두면 좋겠습니다. 인간은 생각하는 동물이고 생각은 언어로 하기 때문에 우리가 매일 사용하는 언어가 곧 우리의 삶이라고 해도 크게 틀리지 않습니다. 초등학생과 청소년, 성인은 구사하는 어휘의 양과 방식이 다르며 그에 따라 삶의 모습도 다릅니다. 성인이 되어도 초등학생 정도의 언어를 구사하며 사는 사람도 적지 않습니다.

영어를 가지고 이해해 보면 쉽습니다. 우리가 미국에서 미국의 초등학생들이 사용하는 어휘의 양으로 산다고 가정해 보겠습니다. 그렇다고 살아가지 못할 건 아니지만 그 언어만으로 세상을 경험한다고 가정하면 우리의 삶의 질은 어떻게 될까요? 먹고 사는 데 지장이 없더라도 좀 더 성숙한 삶을 기대한다면 새로운 어휘에 대한 욕심이 필요합니다.

아이와
그림책 읽기

제 가족이 도서관에서 일하다 보니 남들보다는 좀 더 많은 도서관 정보를 접하고 프로그램에 참여하면서 아이를 키웠습니다. 인근에 있는 어린이그림책도서관, 국립어린이청소년도서관, 구립도서관 등을 자주 이용했습니다. 요즘은 어느 지역이든 좋은 도서관들을 찾을 수 있어서 부모가 조금만 노력하면 무료로 독서 교육을 받을 수 있습니다.

계속 줄어들고 있긴 하지만 서점도 좋은 놀이터입니다. 호야가 미취학 아동이었을 때는 틈날 때마다 대형 서점에 나가서 자리를 차지하고 읽고 싶은 책들을 함께 읽어주었습니다. 아이마다 선호하는 책들이 다릅니다. 호야는 특히나 공룡을 좋아해서 공룡을 소재로 한 책이나 도감을 보았습니다. TV만화 캐릭터들이 보이는 책들도 좋아했습니다. 이렇게 아이가 좋아하는 책을 권하고 읽어가는 것이 독서 교육의 시작입니다. 그런데 함께 고려해야 할 두 가지 사항이 있습니다.

첫째, 최대한 '다양한 책'을 읽도록 유도하는 일입니다. 영유아기 때는 그림책부터 시작합니다만 여기에도 장르가 있습니다. 전래 동화와 창작 동화가 있고 또 서양 쪽 것으로는 그리스 신화나 북유럽 신화도 유명합니다. 창작 동화는 작가가 상상력을 한껏 활용한 판타지적인 요소가 많지만 사실적인 내용만을 바탕으로 한 책들도 있습니다. 이런 장르는 아이들에게 친숙한 동물과 가족을 소재로 한 책이 많고 또 한편 인간관계, 자연, 사회적인 문제들을 가볍게 다룬 책들도 있습니다.

그런데 아이들은 익숙한 것과 좋아하는 것을 아직 구분하기 어렵습니다. 햄버거와 된장찌개 가운데 아이들은 언제 어디서나 햄버거를 택하겠지만 그 취향이 영원하지 않은 것처럼 책에 대한 아이들의 취향도 아직 믿을 만한 게 못됩니다. 부모는 음식에 다양한 맛이 있다는 걸 알려주는 것처럼 책에도 다양한 읽는 맛이 있다는 걸 '의도적으로' 알려줄 필요가 있습니다.

아이들은 새로운 것에 호기심도 많지만 한편으로 좋아하는 것에 안주하려는 경향도 있습니다. 책도 하나에 꽂히면 그 분야의 것만 찾으려는 경향이 있습니다. 이때 아이가 관심을 기울이지 않는 책도 함께 읽어주어야 합니다. 그럼 그걸로 끝나는 경우도 많지만 때로는 흥미를 느끼고 그 분야에 몰입하기도 합니다.

둘째, 비슷해 보이지만 그림책에도 '격'이 있다는 점입니다. 어린이책에도 엄연히 작품성이 있습니다. 부모가 되면 이미 어렸을 때의

등대 육아

기억이 없어서 많은 책 가운데 아이에게 어떤 책을 읽어주어야 할까 고민이 따릅니다. 그럴 때는 일단 외국 작가의 동화책을 고민 없이 집어서 읽어주십시오.

외국 작가가 국내 작가보다 우수하기 때문이 아니라, 출판사에서 그 외서를 지목해 에이전시에 의뢰해서 출간한 까닭은 이미 외국에서 호평을 받았기 때문입니다. 이처럼 검증된 도서이기 때문에 괜찮은 작품일 확률이 높습니다. 그리고 외서를 통해 다른 문화적 차이를 접하면서 다문화 시대의 감각을 익힐 수 있습니다.

물론 국내 도서들도 좋은 책이 정말 많습니다. 여러 전문가(서점 MD, 출판 편집자, 도서관 사서, 독서 교사, 아동 문학 평론가 등)의 추천과 서평 등을 참고해서 선택하면 좋습니다.

읽어주다 보면 감탄할 만큼 경이로운 책들을 발견할 때가 있습니다. 저는 『12명의 하루(스기타 히로미 글그림, 김난주 역, 밝은미래, 2017.)』가 특별히 기억납니다. 이 그림책은 한 조그만 마을에서 12명의 등장인물(강아지 포함)의 하루를 각자의 시각에서 그려낸 책입니다. 제가 어렸을 때 읽었던 책 중 제목이 기억나지는 않지만 숲속에 사는 10마리 동물의 시각에서 각각의 이야기를 그려낸 10권짜리 동화책이 있었는데 그 작품을 연상시켰습니다. 모두에게는 하루 24시간이 주어진다는 사실과 동네의 배경을 한눈에 조감하는 시야 그리고 그 시간과 공간 사이에서 살아가는 '나'라는 존재와 '타인'이라는 존재를 이해하게 해주는 탁월한 작품이라 여겼습니다.

『악어야 악어야 우리 집에 왜 왔니?(잉그리트 슈베르트&디터 슈베르트 글그림, 강인경 역, 베틀북, 2015.)』는 소피라는 어린 여자아이의 천진난만한 꿈을 그렸습니다. 소피는 아이이기 때문에 어느 날 천장에서 발견한 악어를 무서워하지 않고 당당하게 "놀아줘"라고 요구할 수 있었습니다. 자기 집으로 돌아가려던 악어는 엉겁결에 아이와 놀아줄 수밖에 없었습니다. 또 배가 고프다는 소피를 달래주기 위해 파이를 요리해줍니다. 요리하느라 땀을 흘렸으니 소피가 씻으라고 요구해서 싫어하는 목욕까지 해야 했고 심지어 소피에게 동화책을 읽어주고 또 재워주기까지 한 후에야 소피에게서 벗어날 수 있었습니다. 실제로 아이들은 그런 류의 꿈을 꿀 것입니다.

『고 녀석 맛있겠다(미야니시 타츠야 글그림, 달리.)』 시리즈는 공룡 가족이 등장해 우정, 사랑, 가족애, 이별의 슬픔 등을 전하는데 읽다 보면 어른인 저도 눈시울이 뜨거워지는 대목들이 있습니다. 독특한 그림 스타일, 재미있는 이야기와 함께 아이들이 여러 정서를 간접 체험하기에 좋은 작품입니다.

어릴 때 TV광고에서 들었던 한 출판사의 CM송이 떠오릅니다. "어릴 때 읽었던 몇 권의 책은 무엇을 주고도 바꿀 수 없네." 아이들은 부모가 함께 읽어준 책을 기억합니다. 그리고 그 책과 함께 부모가 자신에게 심어준 사랑을 기억합니다. 그리고 부모가 아이에게 책을 읽어줄 수 있는 기간은 대략 10살 정도까지입니다.

학습 만화보다
그냥 만화

우리나라 부모들은 교육열이 워낙 높아서 늘 아이에게 무언가를 가르쳐주고 싶어 합니다. 한편 아이들은 만화를 좋아하죠. 그래서 탄생한 장르가 학습 만화입니다. 부모 입장에서는 이렇게 해서라도 아이가 책을 좋아하게 만들고 싶고 또 조금이라도 공부를 시키려는 심리가 있습니다.

호야가 제일 먼저 접했던 학습 만화는 『마법천자문(아울북.)』이었습니다. 미취학일 때 보았는데 워낙 좋아해서 마르고 닳도록 보더군요. 물론 한자보다 손오공을 캐릭터로 하는 스토리 자체와 그림을 좋아했습니다. 하지만 분명히 한자를 좀 더 친숙하게 느끼게 되었던 것 같습니다. 명절날 가족들이 모였을 때 "무거울 중重과 힘 력力이 합해

지면 움직일 동動이 된다!"라고 외쳐서 모두를 놀라게 했던 기억이 납니다.

이후 『초한지』 『삼국지』와 같은 어린이를 대상으로 한 만화를 구매했더니 또 반복하면서 읽습니다. 아마 언젠가는 이 책들을 소설로도 읽거나 드라마나 영화로 볼 수도 있을 겁니다.

저는 개인적으로 학습 만화를 교육용으로 선호하지는 않습니다. 그보다 '만화'라는 장르를 아이의 독서 세계에서 인정해 주고 싶습니다. 만화 읽기는 영화 감상과 형태만 다르지 근본적으로는 별 차이가 없는 문화 생활이기 때문입니다.

부모 입장에서야 명작 소설을 읽는 아이의 모습은 기특하지만 만화책을 읽는 모습은 그렇지 않을 수 있습니다. 하지만 그 둘은 픽션(만들어낸 이야기)이라는 점에서 동일합니다. 다만 만화는 '그림 위주'라는 점, 소설은 '글 (혹은 완전히 글) 위주'라는 점이 다를 뿐입니다. 다시 말해 만화는 영화처럼 시각이라는 이미지 중심의 흐름이어서 그 자체로 좀 더 '감각적'입니다.

호야가 좋아하는 삼국지를 가지고 만화와 소설의 차이를 생각해 보겠습니다. 저는 호야와의 소통을 위해서 비슷한 시기 황석영의 『삼국지(창비.)』를 읽고 등장인물과 사건 등을 소재로 호야와 이야기를 나누었습니다. 호야는 그림 작가의 그림대로 인물과 사건을 보고 받아들이지만 저는 중간중간 삽화의 도움을 받을 뿐 순전히 글을 통해 인물과 사건의 이미지를 머릿속에서 그려내야 합니다. 즉 소설 읽기는 만화보다 독자의 '상상력'과 '집중력'을 필요로 합니다. 이것은 웹소설과 웹툰의 차이와도 같습니다.

소설이 만화나 영화보다 더 우월하다는 건 편견입니다. 다만 만화나 영화는 독자가 굳이 상상력을 발휘할 필요가 없기 때문에 좀 더 편안하게 볼 수 있고 그만큼 더 대중적입니다. 또 소설을 읽을 때만큼의 문해력을 요구하지 않습니다. 달리 말해 **문해력을 키우고 싶다면 아이는 그림에서 글 위주의 책 읽기로 나아가야 합니다.**

영유아 때 부모와 함께 그림책 읽는 걸 좋아했던 아이들이 점차 학습 만화로 옮아가는 추세를 보이는데 이때 주의해야 합니다. 그림(그림책)에서 그림(학습 만화)으로 옮아가는 것만으로는 부족하고 '그림에서 글'로 옮아가야 합니다. 한편 그림(만화, 예술 작품 등)은 그림대로 아이의 영역에서 남아 있으면 됩니다.

웹소설을 예로 들었듯이 그림이 있어야만 더 재미있다는 것도 편견입니다. 아이들에게 글만으로도 얼마든지 즐거운 독서가 가능하다는 마인드를 심어주는 게 중요합니다. 실제로 서점에는 아이들이 좋아하는 재미있는 책이 많습니다. 요즘은 『나무 집(시공주니어.)』『전천당(길벗스쿨.)』『윔피키드(아이세움.)』시리즈 등이 유명한데 지금도 신간이 나오면 즉각 베스트셀러에 오를 정도로 기다리는 팬이 많습니다. 이런 책을 좋아하는 아이들이 나중에 인문 고전도 흥미를 가지고 읽을 수 있습니다.

우리 부모들은 '시험을 위한 무엇'에 집착하는 경향이 있어서 차라리 학습 만화가 낫지 이런 책들이 무슨 시험에 도움이 될까 생각할 수 있습니다. 그러다가 나중에 문해력이 부족하다면서 무슨 학원에 보내야 할지 알아보곤 합니다. 독서가 재미있는 활동이라는 것을 아이가 인지하고 습관을 들이는 것만큼 문해력을 위해, 나아가 시험 성적을 위해 좋은 자세도 없다는 점을 강조하고 싶습니다.

이 책의 독자들 가운데 독서가 취미인 분이 있을 겁니다. 그 말은 독서가 즐거움의 한 종류라는 의미입니다. 우리 자녀가 성인이 되어서 혼자 있을 때의 즐거움을 위해 책을 펼칠 수 있는(혹은 전자책을 켤 수 있는) 사람이 되기를 바란다면, 지금부터 즐거운 독서를 격려해 주시기를 바랍니다. 그리고 도서의 목록에 만화책과 웹소설도 포함해 주십시오.

한자 교육을
꼭 해야 할까요?

1980년대까지는 대부분의 신문 기사 내용에 한자를 병기했기 때문에 한글만 배워서는 신문을 제대로 읽을 수가 없었습니다. 대학 전공 서적은 말할 것도 없었죠. 그러니 한자를 모르는 지식인은 존재할 수 없었습니다.

이후 '한글(한자)' 이런 식으로 표기하면서 계속 한자 활용 빈도를 줄여가다가 모바일 시대로 넘어가면서 언론은 거의 순한글을 쓰고 있습니다. 예외적인 경우로 "대통령실, 日 교과서 왜곡에 '영토·주권 한 치의 양보도 없어'"라는 제목의 기사를 예시로 볼 수 있겠습니다. 여기서 '일 교과서' 하면 그 '일'이 무엇을 의미하는지 모르기 때문에 일본임을 알리기 위해서 한자를 썼습니다. 하지만 이조차도 '일본 교과서 왜곡'이라고 하면 한자를 쓰지 않을 수 있습니다.

제가 다녔던 대학은 일찍이 한글 전용을 주장했던 국어학자 외솔 최현배 선생(이분의 호 '외솔'도 홀로된 소나무라는 의미로 순한글입니다)의 영향을 받은 흔적이 이곳저곳에 있습니다. 대표적으로 교내 식당 이름이 '맛나샘(맛있는 곳)' '고를샘(원하는 반찬을 골라 결제해 먹는 곳)' '부를샘(배부르게 먹는 곳)' 등이고, 구내 서점은 '슬기샘(슬기로운 곳)' 도서관 지하 휴게실은 '솟을샘(지혜가 솟는 곳)'입니다. 한글에 대한 자부심이 강하게 느껴지는 이름들입니다.

하지만 한글 전용의 분위기는 다른 외래어의 침투로 위협받고 있습니다. 영어는 거의 공용어라는 인식이 강해서 거부감 없이 한글과 혼용해서 사용하는 실정입니다.

순한글 운동-즉 한자를 배제하려는 운동-이 펼쳐졌을 때는 민족주의가 강한 흐름을 탔던 시절이었습니다. 하지만 지금은 '다문화' 혹은 '세계 시민'이라는 새로운 흐름을 갖는 시대이니 이 관점에서 외래어 학습을 생각해 볼 필요가 있습니다.

역사적으로 우리는 한자 문화권에 있었고 한자는 동아시아(한·중·일)가 공유하는 문화의 일부입니다. 이 가운데 우리만 한자를 거의 쓰지 않고 있을 뿐 중국어나 일본어를 배운다고 할 때 기초적인 한자에 대한 지식은 여전히 필수적입니다. 중국이 간자체, 일본이 신자체를 써서 우리가 쓰는 한자 꼴(정자체)과 달라졌다고 해도 여전히 유사합니다. 그러니 해당 문화를 좀 더 깊이 이해하기 위해서는 어느 정도 한자를 알아 두면 좋습니다.

제 친구 중에는 여러 외국어를 구사하는 친구가 있습니다. 그 친구는 다양한 언어를 습득하고 활용하는 데 재능과 소질이 있고 거기에 재미를 느낍니다. 해당 언어의 속담과 독특한 활용에 대해서도 지대한 관심이 있습니다.

이러한 태도는 교육으로도 이어져 자신의 딸에게도 최대한 많은 언어를 배우고 경험하게 하려고 노력합니다. 약간 극성이라고 할 수도 있는데 그 결과, 현재 중학교 1학년인 그 아이는 영어가 상당히 능통할 뿐 아니라 중국어·프랑스어·일본어도 조금씩 할 줄 압니다. 한자 교육도 마찬가지로 이러한 다문화의 이해라는 관점에서 접근하면 괜찮을 것입니다.

또 한글과 영어를 표음 문자, 한자를 표의 문자라고 하죠. 그런데 같은 표음 문자라도 한글과 영어는 근본적인 차이가 있습니다. 한글은 15세기 한자 전용으로 문자 생활을 하던 토대 위에 탄생했기 때문입니다. 모든 인간의 문화 현상은 갑자기 땅에서 솟거나 하늘에서 떨어질 수 없습니다. **한글은 한자라는 환경 속에서 창조된 언어여서 영어와 같은 표음 문자 방식으로만 접근했을 때 완전한 이해에 도달하기 어렵습니다.**

예를 들어, 이육사의 시 〈교목喬木〉은 '높이 솟은 나무'라는 뜻의 한자어입니다. 언어 생활은 하나의 관습이기 때문에 '교목'이 '喬木'이라는 걸 몰라도 '높이 솟은 나무'라는 걸 배우면 알 수 있습니다. 하지만 그 유래를 아는 사람이 그렇지 않은 사람에 비해 우리말을 더 잘 이해하고 응용할 수 있습니다.

500개의 필수 한자어를 '한글-한자-영어' 이렇게 세트로 학습해 보면 어떨까요? 예를 들어, '독서-讀書-reading' '행복-幸福-happiness' 식으로요. 이렇게 하면 1,000자 정도의 한자를 습득하게 되는데 모르는 사람보다 낫지 않을까요?

그리고 한자는 사물의 형태를 모방하거나 의미를 담고 있는 글자여서 동아시아에서는 예술의 한 장르(서예)로 발전해 왔습니다. 그래서 국내외의 궁궐, 대문, 서원, 사찰, 정원 등 문화유산을 방문할 때 보게 되는 수많은 현판은 제각각의 작품들입니다. 아이와 함께 거기에 적힌 글의 의미와 예술성을 이야기할 수 있으면 더 멋진 모습이겠죠.

디지털 리터러시,
데이터 내러티브

제가 어릴 때는 누구네가 지식인 집안인지 아닌지 가늠할 수 있는 기준이 있었습니다. 거실의 큰 책장에 백과사전 한 질이 있는지를 보면 되었죠. 하지만 20세기 말 인터넷이 보급되면서 PC에서 사전을 검색하게 되자 백과사전을 만드는 출판사들은 부도가 났고, 21세기 들어 모바일이 보편화된 이후에는 손끝으로 해당 정보를 언제든지 열어볼 수 있게 되었습니다.

지금 우리는 어떤 글을 읽을 때 이해가 가지 않으면 검색창에 입력해서 도움을 받습니다. 이 과정이 '디지털 리터러시'의 기초적인 방식에 해당합니다.

그런데 디지털은 일방향이 아니라 '쌍방향' '다방향', 즉 멀티라는 특징을 갖고 있습니다. 따라서 디지털 정보에 대한 독해자의 적극적인 자세가 필요합니다. 외국어의 경우 번역기를 돌리기도 하고 책도 오디오북이 유행하는 것처럼 지식을 더 이상 시각으로만 습득하지 않습니다. 귀로 들으면서 이해하는 과정은 눈으로 이해하는 것과 효과에서 차이를 가져올 수 있습니다. 이렇게 예전의 문해력에 더해 지금은 디지털 활용 능력이 추가로 필요한 시대입니다.

또한 지금은 "정보의 홍수다"라는 표현으로도 부족할 만큼 정보의 양이 압도적인 빅데이터 시대입니다. 그러니 그냥 데이터가 주어진 것만으로는 아무런 의미가 없을 수 있습니다. 정보를 먼저 '선택'해야 하고 파이썬이나 R과 같은 프로그램으로 '분석'에 들어가야 그 자료들을 이해하고 활용할 수 있습니다. 나아가 인공 지능인 AI까지 활용해야 하는 시대죠. 그러다 보니 어학이나 문학 전공자뿐 아니라 컴퓨터공학 전공자도 리터러시 전문가로 등장하는 시대가 되었습니다.

그런데 **이런 시대일수록 이야기를 만들어내는 능력, 즉 스토리텔링 능력이 중요하다는 점을 잊어서는 안 됩니다.** 디지털 리터러시 역량은 궁극적으로 그 데이터를 어떻게 정리해서 '내 것'으로 활용할 수 있는지에 달려 있습니다. 그 과정에서 스토리텔링 능력이 있어야 수많은 데이터 가운데 무언가를 선택하고 편집하면서 '이야기가 있는 정보'를 만들 수 있습니다.

그 이야기가 있어야 자신이 선별한 데이터가 흥미와 설득력을 갖게 되고 상대에게 의미를 주게 되거든요. 이렇게 디지털 리터러시 능력을 토대로 데이터(정보)를 활용해서 이야기를 만들어내는 것을 두고 '데이터 내러티브'라고 합니다. 그러니 디지털 시대라고 전통의 글쓰기 능력이 안 중요하거나 줄어든 것이 아닙니다. 언어를 통해 그런 능력을 갖추고 있는 사람이 동시에 디지털 활용 능력을 갖추게 될 때 디지털 시대에 걸맞은 내러티브를 구현할 수 있게 되거든요.

이런 빅데이터 시대에는 비판적 사고 능력이 더욱 중요합니다. 유발 하라리가 말한 것처럼[9] 우리는 '구글 검색의 최상단에 올라오는 정보를 진리로 받아들이는 시대'에 살고 있습니다. 하라리는 우리가 구글과 아마존보다 더 열심히 사유해야 한다고 했습니다. AI가 의사결정까지 대신해 주는 이 시대에 아이들은 어릴 때부터 주체적으로 사유하는 힘을 키워야 할 것입니다.

그래야 디지털 리터러시 능력을 바탕으로 차별화된 데이터 내러티브를 구사하는 전문인으로 성장할 수 있을 것입니다.

부모를 위한 인문 고전의 문장들

▷ 나면서 아는 자는 최상이고, 배워서 아는 자는 다음이고,
   이해가 되지 않아도 계속 배우는 자가 그 다음이고,
   아예 배우지 않으면 최하가 된다. - 공자

_____

_____

아이가 무언가를 배울 때 진척이 느려도 걱정하지 마십시오. 계속 배우면 됩니다.

▷ 모르는 게 많다는 걸 알아야 계속 배울 수 있다. - 장자

_____

_____

장자는 "발이 땅에 닿는 부분은 좁지만 밟지 않는 곳이 많다는 걸 안 후에야 잘 걸어
갈 수 있다. 공부도 이와 마찬가지다"라고 말했습니다. 시험 성적이 좋지 않아도 혼
내기보다 틀린 것부터 하나씩 차근히 배워보자고 이야기해 주십시오.

자녀를 위한 인문 고전의 문장들

▷ 넓게 배우는 것은
장차 돌이켜 요점을 말하기 위해서다. - 왕수인

아이들이 공부한 것들을 요약해서 이야기할 수 있도록 훈련해 주세요. 자주 물어보세요. "오늘 배운 걸 한번 짧게 설명해 보겠니?"

▷ 상황을 사실 그대로 전하고
말을 전할 때 덧붙이지 않으면 자기를 지킬 수 있다. - 장자

요즘은 아이가 부모에게 사실 그대로 전하지 않아서 여러 학내 분쟁이 생기기도 합니다. 이 문구를 미리 들려주십시오.

▷ 아는 자는 좋아하는 자만 못하고
좋아하는 자는 즐기는 자만 못하다. - 공자

"머리가 좋다." "어디에 소질이 있다"라는 말은 생각보다 중요하지 않습니다. 배우는 걸 즐기는 아이로 이끌어주세요.

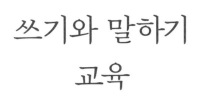

쓰기와 말하기
교육

'독서논술'은
틀렸다

학위 논문을 마무리할 때 어느 편집자에게 연락을 받고 촉박하게 썼던 어린이 인문 도서 『생각하는 것이 왜 중요할까요?(나무생각, 2016.)』가 있습니다. 그런데 운이 좋았는지 국내 최대 독서논술 교육 기관에서 2년 연속 추천 도서로 선정되어 단체 구매가 이어졌습니다. 블로그에서 그 책에 대한 활동지를 가지고 아이들이 과제를 수행하는 모습들을 보고 저자로서 보람도 느꼈습니다. 게다가 예상치 않은 인세 수익까지 안겨주었으니 고마울 따름입니다.

그럼에도 저는 평소 '독서논술'이라는 명칭에 대해 약간의 불편함이 있습니다. 아마도 대부분 독서논술 학원의 커리큘럼과 콘텐츠, 교육 모두 훌륭할 것입니다. 오랜 기간 독서 교육 전문가들의 연구와 교육 노하우가 축적되어 있을 테니까요. 다만 '독서'와 '논술'의 합성어 인 '독서논술'이라는 표현은 우리나라에서만 있지 않을까 생각합니다.

'읽기'와 대등하게 짝이 되는 언어는 무엇일까요? 누구라도 '쓰기' 라고 답할 것입니다. 이 둘을 한자어로 표현하면 '독서와 작문'이 됩니다. 그런데 논술은 작문의 한 종류거든요. 그러니 '독서와 논술'이라고 하면 읽는 장르의 범위와 쓰는 장르의 범위가 일치하지 않습니다. 즉 **논리적인 조어가 아닙니다.**

어른들은 아이들에게 반찬을 골고루 먹으라고 잔소리하는 만큼 책 도 편식 없이 읽으라고 합니다. 그런데 왜 글쓰기에 대해서는 '논술'이 라는 단일한 메뉴를 아이에게 내밀고 있을까요? 잠시 생각해 보면 답 이 나옵니다. 대학 입학 시험의 글쓰기가 논술이기 때문입니다.

사회는 복잡한 듯 보이지만 그 속에는 간단한 공식이 보이곤 합니다. 연역적으로 거슬러 내려오면 이런 논증이 만들어집니다. '대학 입 시에서 점수를 매기는 글쓰기 장르는 논술이다 → 그러니 중고생은 논술 시험을 대비해야 한다 → 그리고 이에 대한 대비는 빠를수록 좋 다 → 따라서 초등생 때부터 논술을 연습해야 한다' 이런 논증은 논술 뿐 아니라 거의 전 과목의 사설 학원에서 답습하고 있는 패턴입니다.

"공부의 목적은 대학 입학이다"라는 명제를 받아들인다면 이 논증 은 별 무리가 없습니다. 그러나 이 명제에 동의하지 않거나 수정을 요 구하는 사람에게는 곤란한 논증입니다. 대학 입시를 머리에서 지우고 언어를 활용 영역별로 분류해 보면 다음과 같습니다.

영역1 독서(읽기)

영역2 토론(말하기)

영역3 작문(쓰기)

아이들은 동요의 노랫말을 따라 쓰거나 변용해 보면서 노래의 작사가가 되는 경험을 할 수 있습니다. 그러다 보면 자신만의 시도 쓸 수 있습니다. 동화책을 읽은 후 줄거리를 이야기하고 또 응용해서 스스로 플롯을 만들어보면서 스토리텔링을 훈련할 수도 있습니다. 시나리오는 대화 형태여서 아이들이 협력해서 만들어보기에 좋은 장르입니다. 그림까지 곁들여 웹툰 작가가 되어보는 교육은 요즘 세상이 요청하는 크리에이터로서의 역량을 강화할 것입니다.

그러나 학원에서는 이런 교육을 하지 않거나 비중 있게 다루지 않습니다. 왜냐하면 이런 것들은 대학 입시에서 출제하지 않고 평가하지 않기 때문입니다.

간단히 말해 우리나라의 글쓰기 교육은 '창작' 교육이 압도적으로 부족합니다. 문학 작품을 읽었으면 너도 한번 써보라는 것이 자연스러운 글쓰기 교육일 텐데 잘 읽었는지, 제대로 이해하고 있는지만 평가하고 있습니다. 시 쓰기, 소설 쓰기는 대학의 국문과나 문예창작과에 들어가야 배우는 장르가 아니라 초등학교 때부터 교육할 필요가 있습니다.

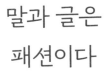

말과 글은
패션이다

사실 논술은 별다른 글이 아닙니다. 무언가를 '주장'하는 내용을 담은 글인데, 그냥 주장한다고 설득력이 생기지 않기 때문에 몇 가지 근거를 함께 제시하는 글입니다. 아이들에게는 아무래도 재미없는 글쓰기에 해당합니다.

이런 글쓰기 연습은 지식과 경험을 쌓아가면서 자연스럽게 '자기 생각(혹은 주장)'이 형성되고 표출되는 때를 기다리는 것도 나쁘지 않습니다. 저는 초등학생에게 논술 교육을 지나치게 강조하지 않아도 된다고 생각합니다. 단순히 글의 장르를 배우는 적당한 순서 때문만은 아니고 어린이들의 사고 수준을 무시해서도 아닙니다. 별것 아닌 이전 경험 때문입니다.

등대 육아

저는 매년 날씨가 추워지면 사설 입시 학원의 요청으로 모의 면접의 면접관으로 참여해 왔습니다. 고입과 대입을 앞둔 학생들에게 준비된 질문을 하고 나중에 코멘트를 하는 게 제 역할입니다. 학생들은 저를 만나기 전 면접 전문 강사의 지도하에 예상 질문에 대한 답안을 작성하고 미리 말하는 연습을 하고 옵니다.

그런데 자신의 생각과 이유를 말할 때 이들은 내용은 다르더라도 예외 없이 하나의 패턴을 보이는데 '자신의 입장을 먼저 제시한 후 근거를 나중에' 붙입니다. "저는 ~에 반대합니다. 왜냐하면…"의 형태입니다.

결론을 먼저 이야기하든, 마지막에 이야기하든 그것은 화자의 자유가 아닐까요? 다만 말을 조리 있게 하지 못하는 학생의 경우 먼저 결론을 제시하는 게 조금 나을 수는 있습니다. 근거의 설득력이 떨어지면 스스로 마지막 결론을 흐리게 되거든요. 차라리 결론이라도 먼저 자신감 있게 표명하는 게 낫다는 전략입니다.

그런데 이런 전략은 대체로 '합격 최저점(떨어짐 방지용)'을 겨냥하는 말하기 방식에 해당합니다. 그리고 학생들은 학원의 안내에 따라 혹시 면접관이 싫어할지도 모를 것 같은 답변은 빼고 이야기합니다. 그러다 보니 작위적인 느낌과 함께 솔직함과 개성이 사라지게 됩니다. 실제로 대학에서 입시를 담당하는 면접관들 사이에서는 "아이들이 학원에서 배우다 보니 답변의 형식이나 내용이 거의 비슷하다"는 이야기가 늘 있었습니다.

어느 날 면접을 진행하다 불현듯 걱정이 엄습했습니다. '혹시나 초

등학생들도 학원에서 어떤 말하기나 어떤 글쓰기가 바람직하다는 교육을 받는 건 아닐까?'

'바람직한' 글쓰기 지도를 받는 게 좋은 일이지 무슨 문제가 있냐고 생각할 수 있습니다. 하지만 바람직하다는 건 교육하는 사람의 바람이 들어가 있습니다. 그것은 아이들이 하는 언어의 놀이터에 하나의 제약을 만들어냅니다.

아이가 창의적인 글쓰기를 하는 사람이 되길 바라시나요? 창의적 글쓰기란 '제약을 없애는' 글쓰기에서 시작합니다. 다음 내용은 노벨문학상을 수상한 콜롬비아의 소설가 가브리엘 마르케스(1927-2014)의 『백년의 고독 2(조구호 역, 민음사, 2000.)』에서 발췌했습니다.

> "이튿날 아침 식사가 끝날 때까지 그녀가 불평하고 있다는 사실을 깨닫지 못하고 있던 아우렐리아노 세군도는 그제서야 비로소 당시 빗소리보다도 더 유려하고 컸던 그 윙윙거리는 소리에 어안이 벙벙해졌는데 … (하략) …."[10]

아직 하나의 문장도 끝나지 않았습니다. 그런데 놀랍게도 이 하나의 문장은 책의 182쪽 중간쯤에서 시작해서 쉼표를 활용해 줄줄이 이어지다가 186쪽 마지막쯤 되어서야 마침표를 찍습니다. 마르케스는 자신의 작품에서 일종의 언어 놀이를 하고 있습니다.

어느 학생이 이렇게 문장을 길고도 길게 썼다고 가정하겠습니다. 저라면 맞춤법과 띄어쓰기를 잡아준 다음 노벨상 수상 작가처럼 아주 잘 썼다고 이야기할 것입니다. "조금 더 이어서 써보지 않겠니?" 하고 독려도 할 것입니다.

그리고 나서 글을 짧고 간결하게 쓴 다른 작가의 작품에서 한 단락을 가져와서 한번 따라 써보는(필사) 과제도 함께 부여할 것입니다. 어떤 글이 더 좋고 나쁘다는 저의 주관적인 생각은 표출하지 않고 그저 다양한 글쓰기를 체험하도록 안내만 할 것입니다.

말하기와 글쓰기, 즉 언어 활동에서의 개성은 생활 속의 패션에서 드러나는 개성과 별다르지 않습니다. 그래서 문체를 영어로 'style'이라고 합니다. 아이들의 패션에 무엇이 좋다, 나쁘다 하는 것보다 다양한 컬러와 형태의 옷을 체험해 보게 하면 자기만의 스타일을 찾아갈 수 있을 겁니다. 말과 글도 그렇습니다.

혹시 아이의 글을 보면서 이런 이야기를 하는 선생님이 계실 수도 있습니다. "왜 불필요한 수식어가 많니." "왜 주장을 먼저 선명하게 제시하지 않니." "왜 문장이 이렇게 기니"라고요. '좋은 말과 글이 어떤 스타일'이라는 규정적인 지침은 합격 최저점을 통과해야만 하는 고등학교 3학년을 대상으로 할 수는 있지만 그런 당면 과제가 없는 초등학생에게 제공할 필요는 없지 않을까요.

대학은 스토리텔링의 역량을 매우 중요하게 이야기하고 있습니다. 이 능력은 논술로 얻어지는 역량이 아닙니다. 그리고 이 교육이야말로 초등학교 때부터 이루어져야 마땅합니다. 창작으로, 예술로요.

아이들에게 언어를 가지고 놀 수 있는 기회가 계속 주어졌으면 좋겠습니다. 그 놀이에 음악과 그림까지 함께 어우러졌으면 좋겠습니다.

자신의 주장을 제시하고 상대방 주장을 비판하는 일은, 다시 말해 '논술'은 언어를 즐길 수 있는 아이들에게는 그렇게 어려운 과제가 아니라는 점을 알았으면 좋겠습니다.

그럼 지금 당장 어떻게 해야 하냐고 묻는 분이 있을 수 있겠습니다. 아이가 읽고 있는 책에서 제일 마음에 드는 단락 하나를 고르라고 한 후 차분히 필사해 보라고 하십시오. 그리고 그것을 큰 소리로 또박또박 낭독하는 연습을 시켜보세요. 이런 경험이 누적되면 아이는 말과 글에서 자신의 스타일을 찾아갈 것입니다.

언어를
장난감처럼

영국의 유명한 록 밴드인 퀸의 대표곡 〈보헤미안 랩소디〉를 들어보면 생소하다는 느낌이 듭니다. 일반적인 작곡의 형태를 따르지 않았기 때문입니다. 누군가 음악은 혹은 대중음악은 이렇게 작곡해야 한다고 가르치고 프레디 머큐리가 이를 모범생처럼 따랐다면 그런 곡은 나올 수가 없었을 겁니다.

『참을 수 없는 존재의 가벼움』을 쓴 체코의 소설가 밀란 쿤데라 (1929-2023)의 아버지는 피아니스트였습니다. 그는 어릴 때부터 아버지에게서 피아노를 배웠고 전문 연주자 못지않은 실력을 갖추고 있었습니다. 어떤 평론가는 그의 독특한 작품 형태를 두고 피아노 악보의 흐름과 관련지어 설명하기도 합니다. 피아노 연주와 글쓰기는 전혀 다른 두 행위처럼 보이지만 쿤데라의 '창작'에서는 한 웅덩이 속에 있었던 것입니다.

우리 아이도 무언가 창의적인 것을 만들어내는 사람이 되기 위해서는 머큐리나 쿤데라처럼 어려서부터 자유롭고 넓은 '정신의 놀이터'가 제공될 필요가 있습니다. 이 놀이의 과정에서 제약은 되도록 늦게 주어지는 것이 좋겠다는 생각입니다.

그런 관점에서 저는 국어든 영어든 '문법'을 본격적으로 가르치는 (영문법과 같은 교재를 활용하는) 수업은 초등학교 때 적합하지 않다고 생각합니다. 어차피 나중에 해야 할 거 일찍 하면 좋지 않냐고 보통 생각합니다만, 과연 그럴까요?

저는 초등학교 고학년 때 『○○○ 기초 영문법』이란 책을 받고 반복해서 공부한 결과 중학교에 진학한 후 영어 시험에서 문제를 틀려 본 일이 거의 없었습니다. 그러니 시험 문제를 푼다는 측면에서 문법 교육이 오히려 유리하다고 할 수도 있겠습니다. 하지만 외국인과 회화를 할 기회가 있을 때마다 머릿속에서 문법이 먼저 떠올라서 대화를 나누는 데 어려움을 겪었습니다.

만약 우리가 태어나서 우리말을 문법부터 배우기 시작했다고 가정하면 어떻게 될까요? 말을 할 때 '법' 지식이 먼저 떠올라서 자유로운 언어 놀이에 방해를 하게 될 것입니다. 이것은 놀이터에서 아이들이 놀 때 여러 제약 사항과 규정(잔디밭에 들어가지 말라, 이 구역에서는 공놀이를 하지 말라…)을 주는 것과 비슷한 환경을 만듭니다.

'어떻게 글을 써야 한다.' '어떻게 말을 해야 한다'는 교육은 더욱

주의해야 합니다. 언어는 넓게 보아서 하나의 '기호'입니다. 그 기호에는 미술과 음악도 있습니다. 어떤 전통에 따라 어떤 방식으로 그림을 그려왔다는 전제하에 '그림은 이렇게 그려야 해'라고 규정한다면 그 규정은 아이의 표현의 자유를 제약합니다.

아이들에게 장난감을 사주는 이유는 가지고 놀라는 겁니다. 레고를 사주는 이유는 그 조각들을 가지고 네가 원하는 것들을 마음껏 만들라는 겁니다. 아이에게 도화지와 크레파스를 사주는 까닭은 그걸 가지고 네가 원하는 건 무엇이든 그려보라는 겁니다. 언어도 마찬가지입니다. 그걸 가지고 네가 마음대로 놀라는 것에서 출발해야 합니다. 규정과 법은 스스로 자연스럽게 습득하거나 좀 나중에 가르쳐주어도 됩니다.

그보다 아이들에게 다양한 작품을 보여주고 경험하게 해주는 일은 정말 중요합니다. 여러 장르의 음악을 들어보는 일, 여러 미술 작품을 감상하는 일, (외국어를 포함해서) 여러 언어를 맛보게 하는 일, 여러 좋은 책을 읽히는 일 등입니다.

우리나라가 문화 강국으로 한류가 유행하고 아이돌 그룹이 빌보드 차트 1위를 차지하고 아카데미 작품상을 거머쥐었음에도 세계적인 작가를 탄생시키지 못한 이유를 어디서 찾을 수 있을까요? 오히려 여기저기서 베껴대는 부끄러운 표절 공화국이 된 이유는 무엇일까요?

말로만 창의력을 외친다고 창의적인 사람이 되지 않습니다. 우리의 언어 교육은 '어법 중심'에서 '창작 중심'으로 새롭게 검토할 필요가 있습니다.

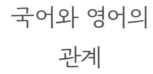

국어와 영어의
관계

요즘 부모들은 아이를 현지인만큼은 아니더라도 어느 정도 영어 능통자로 만들고 싶어 하죠. 영어유치원에 보내는 이유도, 조기 어학연수를 보내는 이유도, 호야처럼 초등학교 입학 후 원어민이 있는 영어학원에 보내는 이유도 다 그 때문이죠. 어떻든 여기서 짚고 넘어가야 할 것이 있습니다. 모국어(한국어)와 외국어(영어) 사이의 관계, 다시 말해 제1언어와 제2언어 사이의 관계입니다.

바이랭귀얼이라 하더라도 두 언어의 실력이 대등하지는 않습니다. 누구에게나 더 유창한 제1언어, 즉 모어가 있습니다. 나머지는 제2언어가 되죠. 그런데 이제 생소한 이야기를 하나 꺼내려고 합니다. 일본의 언어학자이자 사상가인 우치다 타츠루에 따르면 **창의적인 사고는**

등대 육아

주로 제1언어의 활동에서 이루어집니다.

우리가 두 언어를 구사할 수 있다고 할 때 '더 많은 어휘'를 '보다 자유롭게' 구사할 수 있는 언어로 사고하기 마련입니다. 그래야 풍성하고 입체적인 사고를 할 수 있죠. 그러니 창의적 사고는 더욱 모국어에 의존할 수밖에 없습니다. 한국인에게 '한국어로 생각하고 한국어로 말하기'와 '영어로 생각하고 영어로 말하기' 중에서 어느 쪽이 창의적 사고에 적합할지 생각해 보면 답이 명확해집니다.

호야의 현재 한국어 능력이 10이라고 가정해 보겠습니다. 그 기준에서 제가 볼 때 호야의 지금 영어 능력은 1도 아니고 0.1 정도 되지 않을까 싶습니다. 만약 5정도 수준을 구사한다면 엄청나게 영어를 잘하는 아이로 불릴 겁니다. 하지만 훗날 호야가 아무리 영어를 잘하게 된다 하더라도 우리말 실력을 넘어서지 않는 한 추상적이고 난도가 높은 사유는 한국어를 통해 하게 됩니다.

한편 어릴 때 미국에 나가 살아온 교포가 우리말을 어눌하게 하는 경우를 보게 됩니다. 그 사람은 영어도 한국어도 할 줄 알지만 제1언어는 영어입니다. 따라서 그 사람의 창의적 사고는 대체로 영어를 통해 이루어집니다.

그렇다면 우리가 외국어를 배우는 1차적인 이유는 수준 높은 사유를 위해서라기보다 해당 문화권의 글을 이해하고 사람들과 원활한 의사소통을 위한 실용적인 목적이라고 보아야 할 것입니다. 또한 직업을 선택할 때 세계를 무대로 좀 더 시야를 확장할 수 있고 그만큼 기회의 선택지가 넓어질 수 있습니다. 역시 실용적인 목적입니다.

또 외국어를 배우는 것은 역으로 우리말을 더 잘하는 데도 도움을 줍니다. 외국어 습득은 '지적 경험의 확장'을 의미합니다. 해당 문화와 그 문화의 사고방식을 배우는 과정이니까요. 예를 들어, 중국어를 배우면 중국인의 사고방식과 생활방식을 습득하게 됩니다. 그리고 그러한 새로운 언어의 경험은 제1언어의 활동에 새로운 자극을 주어 사고력을 높이는 중요한 요소로 작용합니다.

아이를 국제적인 인물로 키우고 싶은 부모님들이 있죠. 대치동에 가면 영어 디베이트 학원도 있습니다. 그래도 우리 아이의 제1언어가 영어보다 훨씬 중요합니다. 타츠루는 "지적 창조는 모국어로만 가능하다"고 말했습니다. 기존의 언어를 잡아 늘이거나 펼치거나 새로운 말뜻을 담아내는 일은 모국어로만 가능하기 때문이라는 것이지요.[11]

정리하면, 아무리 영어 교육이 중요하다고 하더라도 국어와 영어 능력을 1 대 1로 맞추려는 욕심은 버리는 게 좋습니다. 그리고 사고력·창의력과 관련해서 우리말 교육보다 외국어 교육이 우선될 수는 없습니다. 외국어 교육의 효과와 한계 및 제1언어와의 관계에 대해 이해한다면 좀 더 훌륭한 '언어 양육자'가 될 수 있을 것입니다.

예쁘게
대화하기

10살 정도 되면 스피치나 토론 등 '말하기'를 배우는 학원에 다니는 아이가 점차 늘어납니다. 자신의 생각을 남들 앞에서 조리 있게 표현할 줄 아는 능력을 키우려는 거죠. 부모들이 기대하는 장면은 우리 아이가 청중들 앞에서 멋지게 자신의 주장을 펴거나 연설하는 모습입니다. TED^Technology, Entertainment, Design 강연에서처럼요.

그런데 말하기는 언어의 세 가지 활동 중 읽기, 쓰기와는 다른 특징이 하나 있습니다. 읽기는 기본적으로 다른 사람이 쓴 글을 받아들이는 행위죠. 읽으면서 내 생각을 글쓴이에게 전달할 방도는 없습니다. 그리고 쓰기는 내 생각을 남에게 표출하는 행위입니다. 대상이 특정되지 않았을 경우 누가 읽을지는 알 수 없습니다.

그런데 **말하기는 읽기, 쓰기와 달리 듣는 대상이 눈앞에 있어서 현장에서의 반응을 기다립니다.** 그러니 말하기는 얼핏 일방향의 행위 같지만 사실 쌍방향 소통을 위한 행위입니다. 이 열린 대화를 잘 이끄는 말하기 능력을 두고 '소통 역량'이라고 합니다.

가끔 열리는 토론 대회(디베이트)는 무언가 생산적인 결론을 이끄는 대회라기보다 자신의 생각을 관철하기 위해 노력하는 장입니다. 토론 상대방과의 소통보다 자신의 주장을 심사위원이나 청중이 얼마나 공감해 주는지에 승패가 달려 있습니다. 주장을 뒷받침하는 논거도 중요하지만 말투나 표정, 눈빛 등 다양한 요소가 청중의 공감에 영향을 끼칩니다. 현장의 분위기라는, 쓰기와는 다른 요소들이 개입된다는 말입니다.

소통의 과정에서 공감을 위한 요소들은 일상에서 더욱 두드러집니다. 생활 속 대화 대부분은 토론도 아니고 무언가를 관철하기 위한 시도도 아닌, 그저 주고받는 말들이거든요. 따라서 교양 있는 대화법이나 말하는 매너 등을 익히는 건 '자신의 생각을 조리 있게 펼치기'보다 실용성의 측면에서 더 중요하다고 할 수 있습니다.

주변에 보면 '말을 예쁘게 하는' 이들이 있습니다. 예쁜 말을 하는 사람과 대화를 나누면 기분이 좋아집니다. 같은 말을 해도 상대방에게 상처를 주는 날선 태도가 있고 상대방을 배려하면서 소통하려는 태도가 있습니다. 그런데 우리의 교육 과정에 말을 예쁘게 하는 방법, 즉 소통하는 대화법 혹은 매너를 가르치는 커리큘럼은 잘 보이지 않습니다. 제가 생각하는 대화의 방법 몇 가지를 소개하겠습니다.

1. 남의 말을 끝까지 경청할 수 있는 자세

남의 이야기를 잘 들어줄 수 있는 역량은 아무나 갖추고 있지 않습니다. 저는 우리 아이가 성장해서 남의 이야기를 누구보다 깊이 들을 수 있는 사람이 되기를 바랍니다. 그 들어줌만으로도 다른 사람의 상처를 치유할 수 있는 역량을 갖추게 됩니다. 침묵은 아무 말도 하지 않지만 결코 쉬운 행위가 아닙니다.

2. 말을 독점하지 않는 자세

낯선 사람들이 모였을 때 말을 많이 (그리고 크게) 해야 주도적인 위치에 선다고 생각하는 이들이 있습니다. 그런 사람도 진정한 리더가 되기 위해서는 함께 있는 이들의 목소리를 끌어낼 수 있어야 합니다. 자기 말만 주구장창 해대는 사람은 품위가 떨어져 보이거나 꼰대처럼 보입니다. 소통 능력이 떨어진다는 말이죠.

3. 뒤에서 남 이야기를 할 때

뒷담(남이 없을 때 하는 이야기)을 안 할 수는 없습니다. 뒷담에는 칭찬도 험담도 있죠. 문제는 험담인데 늘 남을 욕하거나 이간질을 일삼는 사람이 있습니다. 이와 달리 우리가 훌륭한 인품을 가졌다고 생각하는 이들은 대체로 자리에 없는 사람을 나쁘게 묘사하는 데 열심이지 않습니다. 이들은 사람의 단점보다 장점을 크게 보는 성품을 갖추고 있습니다. 단점이 눈에 잘 안 들어오면 남의 욕을 할 일도 그리 많지는 않겠죠.

4. 때와 장소를 가리는 말하기

"난 할 말은 하는 사람이야"라는 사람을 주변에서 봅니다. 그런 과감함을 갖춘 사람은 용기 있는 발언을 할 수 있습니다. 그러나 표현을 예쁘게 하지 못할 경우 주변을 싸하게 만들고 말을 안 하느니만 못한 결과를 낳기도 합니다. 상대방을 배려하는 가운데 자신의 생각을 정확히 그리고 유쾌하게 표현하는 연습을 할 필요가 있습니다.

5. 상처 주지 않고 비판하기

굉장히 어려운 일이죠. "'아' 다르고 '어' 다르다"라는 말은 진리입니다. 단점을 지적하거나 충고를 할 때 또 누군가의 의견을 반대할 때 상대를 자극하지 않는 것은 정말로 중요한 인간관계의 기술입니다.

말하기 이외에도 인간관계에서 필요한 매너(자세)들이 있습니다. 예를 들어, 선물을 주고받을 때의 자세 같은 것들인데요. 저는 호야에게 "남에게 선물을 받으면 다음에 줄 생각을 하고, 네가 친구에게 선물을 줄 때는 받을 것을 기대하지 말라"고 조언합니다. 선물을 받을 때는 그 배려에 대해 기억하고 줄 때는 조건 없이 주라는 말입니다. 줄 때 받을 걸 기대하면 상대에게 실망을 하기 쉽고 또 주는 사람의 선의도 훼손될 수 있기 때문입니다. 무엇보다 다른 사람의 행동에 스스로의 감정이 휘둘리게 내버려두는 구도는 좋지 않습니다.

앞으로 호야가 어딜 가서도 말을 잘하면 좋겠습니다. 하지만 단순히 남을 제압하고 이기는 말을 잘하기를 원하지는 않습니다.

등대 육아

부모를 위한 인문 고전의 문장들

▷ 지적 창조는 모국어로만 가능하다. - 우치다 타츠루

_____

_____

_____

영어 공부도 중요하지만 우리말 공부는 더 중요합니다.

▷ 사자도 할 수 없는 일을 어린아이는 해낼 수 있다.
바로 창조의 놀이다. - 프리드리히 니체

_____

_____

_____

세상에서 창의력을 가장 잘 발휘할 수 있는 존재는 어린이입니다. 이 놀이를 어른이
된 후에도 이어갈 수 있도록 이끄는 양육자가 되십시오.

자녀를 위한 인문 고전의 문장들

▶ 아름다움은 어디에 있나?
내가 진정으로 갖기를 원하는 곳에 있다. - 프리드리히 니체

아이가 하고 싶어 하는 일, 갖고 싶어 하는 물건에 아이가 느끼는 '아름다움'이 숨어 있습니다. 그걸 글이나 그림으로 표현하는 습관을 들여주세요. 그게 아이에게 예술을 가르쳐주는 길입니다.

▶ 군자는 행동을 먼저 하고 말을 나중에 한다. - 공자

말은 쉽지만 행동은 어렵습니다. 늘 행동이 말을 이기도록 가르치십시오.

▶ 독창성은
무언가에 이름을 붙이는 데서 시작한다. - 프리드리히 니체

여행을 갈 때 아이가 무언가를 보고 이름을 붙이는 습성을 가지도록 독려하십시오. 니체는 이름을 붙여야 비로소 그 사물이 새롭게 보인다고 말했습니다.

자기주도학습을 위한
마인드셋

잔소리 대신
루틴 만들어주기

"너 공부 좀 해라." 대한민국 부모가 입에 달고 사는 이 간곡한 명령어는 우리 아이가 몇 살 때부터 시작될까요? 아무리 극성인 부모라도 초등학교에는 입학한 후겠죠. 학년의 차이는 있지만 어쨌든 초등학교 몇 학년 때부터 대부분 아이가 이 말을 지긋지긋하게 듣게 됩니다. 어떤 아이는 한 달에 한 번, 어떤 아이는 일주일에 한 번, 또 어떤 아이는 하루 걸러 듣게 될지도 모릅니다.

그런데 아이가 생긴 후 저는 보통의 부모와 다른 자세를 갖기로 애초에 다짐했습니다. "너 공부 좀 해라"는 말을 하지 않기로요. 물론 저 또한 아이가 공부를 제때 열심히 하기를 바라는 평범한 부모입니다. 다만 누군가(아이도 저와 다른 누군가입니다)의 마음가짐을 다른 사람이 만들어줄 수 없다는 평범한 사실을 잘 알고 있을 뿐입니다. 저는 살아오면서 무엇을 향한 열망과 의지가 누군가의 잔소리로 만들어지는 경우를 한 번도 본 적이 없습니다.

그렇다고 아이의 공부에 손을 뗀 무책임한 부모는 아닙니다. 대신 아이의 '습관'을 잡아주는 데 관심이 있습니다. 즉 아이가 공부의 루틴을 잡는 데 도움을 주는 것이죠.

우리는 보통 새해를 맞아 독서 계획을 세우곤 합니다. 그런데 그런 마음가짐이 쉽게 행동으로 연결되던가요? '다짐이 행동으로 연결되는지'는 철학적으로도 쟁점이 되었습니다.

소크라테스는 "알면 행동한다"고 했습니다. 하지만 알면서도 행동하지 않는 경우가 현실에서 얼마든지 있다는 게 문제가 되었습니다. 그러니 소크라테스의 입장을 견지하는 사람은 부사를 하나 붙여서 이렇게 생각합니다. '진정으로' 알지 못하기 때문에 행동하지 못한다고요. 어설프게 알고 있어서, 뼈저리게 알지 않아서 그 꼴이라는 거죠.

중국에서는 양명학을 창시한 명나라 중기의 철학자 왕수인(1472-1529)도 비슷한 이야기를 했습니다. "아는 것과 실천은 하나"라며 '지행합일知行合一'을 이야기했는데요. "지식 공부 따로 실천 공부 따로가 아니다. 알면 곧 실천이 따라오게 되어 있다"는 설명입니다.

하지만 그보다 이전 시대를 살았던 주자학의 창시자인 중국 남송의 유학자 주희의 입장이 비교적 우리의 상식과 일치합니다. 그는 "안다고 행동하는 게 아니다. 앎이 행동으로 연결되기 위해서는 부단한 수양과 노력이 뒤따라야 한다"라고 했거든요. 주자를 정통으로 이었

등대 육아

던 조선시대의 유학자들이 양명학을 배척했던 데는 이런 배경이 있었습니다.

결국 소크라테스와 왕수인의 지행합일론이 틀린 주장이 아니려면, '진정성' '절실함' 혹은 '깨달음'이 있어야 합니다. 이런 절실함을 가지고 실천하면 알 수 없는 우주의 기운이 도와준다는 이야기도 있습니다. 브라질의 소설가 파울로 코엘료의 소설 『연금술사(최정수 역, 문학동네, 2001.)』[12]에는 이런 대목이 있습니다.

> "자네가 무언가를 간절히 원할 때 온 우주는 자네의 소망이 실현되도록 도와준다네."

우리 속담인 "하늘은 스스로 돕는 자를 돕는다"도 이와 비슷한 의미입니다. 좋은 말입니다. 그런데 간절함은 통상 부모들이 자녀들에게 공부하라고 독려할 때 늘 갖는 마음인데 잘 통하는 방식인지요? 저는 자녀들을 책상에 앉도록 만드는 힘은 다짐이나 간절함이 아니라고 생각합니다. 그럼 무엇이냐고요? 고대 그리스의 철학자 아리스토텔레스(B.C.384-B.C.322 추정)의 이야기를 들어보겠습니다.

> "어떤 행동에서 그 마음이 생겨난다. 어떤 마음가짐이 되냐 하는 것은 행동의 성격에 좌우된다."[13]

마음가짐에서 실천이 나오는 게 아니라 그 반대라는 이야기입니다. 이를테면 게임을 끊고 열심히 공부하자는 마음이 아무리 간절해도 열공 모드로의 전환은 쉽지 않습니다. **차라리 아무 생각 없이 정해진 시간에 같은 행위를 반복해 습관을 들이는 편이 더 나은 방법입니다.** 습관을 강조한 아리스토텔레스의 말을 하나 더 들어보겠습니다.

> "어렸을 때부터 계속 이렇게 습관을 들였는지 혹은 저렇게 습관을 들였는지는 결코 사소한 차이를 만드는 게 아니다. 그것은 대단히 큰 차이, 아니 사실 모든 차이를 만드는 것이다."

아이는 아직 자신의 미래에 대한 간절함을 가질 만한 나이가 아니기도 하고, 설령 그런 게 있다 하더라도 게임이나 먹을 것 같이 눈앞의 대상일 가능성이 높습니다. 한편 부모의 간절함은 잔소리로 표현되죠. 그보다는 습관을 유도할 필요가 있습니다.

정해진 시간에 비슷한 행위를 반복하면 습관이 됩니다. 이를테면 매일 아침 위인전기 읽기, 저녁에 10분 영어 동화책 읽기, 주말에 시 낭송하기… 그래서 저는 정해진 시간에 "아빠랑 ~을 하자"는 이야기를 자주 합니다. 물론 아이가 싫다고 도망갈 때는 달래거나 약간 무서운 표정으로 어르기도 합니다. 여하튼 저는 아이에게 "너 공부 좀 해라!" 이 말은 절대로 하지 않겠다는 저 자신과의 약속을 지킬 것입니다. 늘 듣는 잔소리는 결국 소음이 될 테니까요.

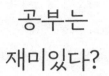

공부는
재미있다?

누가 "공부가 재미있어!"라고 하면 "설마"라는 단어가 가장 먼저 떠오를 것 같습니다. 그런데 2,500년 전 공자님은 예외였다고 하죠.

"배우고 때때로 (배운 것을) 복습하면 기쁘지 아니한가."
(學而時習之 不亦說乎.)

이렇게 『논어』의 첫 구절은 '학습學習'으로 시작합니다. 학습은 배우고學, 배운 것을 익숙하게 하는 복습習의 합성어입니다. 그런데 위 문구에서 공자는 우리에게 중요한 토론거리를 마련해 주었습니다. "'학습이 즐겁다說'는 참인가, 거짓인가?"

답을 구하기 전에 공부工夫의 어원에 대해 먼저 알아보도록 하겠습니다. 공자가 살던 시절에는 '공부'라는 말이 없었습니다. 당연히 『논어』나 『맹자』 같은 책에도 나오지 않습니다. 그때는 '배움'이라는 말만 있었습니다. '공부'는 당나라 시절 용례가 처음 보이는데 이때도 어떤 행위를 하는 동사가 아니라 명사로 사용되었습니다.

공工은 공업, 공장 등의 단어에서 보이듯 어떤 기능이나 기술을, 부夫는 남자를 의미합니다. 쉽게 말해 처음에 공부는 '어떤 기술을 갖춘 사람'를 의미했습니다. 이를테면 기타를 치거나, 난을 키우거나, 무를 썰거나, 빵을 만들거나, 그림을 그리거나, 골프를 칠 때 잘하는 사람들을 부르는 말이었습니다.

그런데 무언가를 잘하는 사람이 되기 위해서는 들여야 하는 게 있으니 바로 시간과 노력입니다(돈이 좀 들기도 하죠). 그런데 힘만 들면 왜 배우겠습니까. 힘들어도 즐거울 수 있는 까닭은 '성장의 느낌' 때문입니다. 뭔가를 배우는데 그러한 느낌이 들지 않으면 그 과정이 즐거울 리 없습니다. 노력할수록 조금씩 나아지는 자신을 보면서 즐거움을 얻게 됩니다. 이게 배움과 즐거움 사이의 상관관계입니다.

당나라 이후 세월이 흘러 '공부'는 어느덧 '배움'과 비슷한 의미로 쓰이게 되었습니다. 그런데 '배움'과 '공부'는 그 어감이 상당히 다르다는 걸 딱히 의식한 적은 없을 겁니다. 하지만 우리 사회에서 공부는 배움에 비해서 개념이 매우 변질되어 있습니다.

예를 들어, 사회에서 누구를 처음 만나서 이야기할 때 가끔 우스갯소리로 하는 말이 있습니다 "제가 공부에는 소질이 없어서…." "제가 공부에는 흥미가 없어서…."

배움으로 단어를 바꾸어보겠습니다. "제가 배움에는 소질이 없어서…." "제가 배움에는 흥미가 없어서…." 어떤가요? 개념상 성립하는 문장인지요? 습득이 좀 빠르고 늦는 차이는 있을 수 있습니다. 그렇지만 그것도 적성이란 게 있어서 분야에 따라 달라지기도 하지만 **인간인 이상 그 누구도 배움에 소질이 없는 사람은 없습니다.** 또 인간이라면 배움에 흥미가 없는 사람도 없습니다. "공부에 소질이 없어서…"는 학생일 때 점수나 등수가 높지 않았다는 걸 의미할 따름입니다.

그렇다면 공부가 재미없어진 까닭은 무엇일까요? 만약 누군가가 피아노, 기타, 요가, 자전거를 배우는 우리에게 90점 이상을 강요하며 다른 수강생과의 경쟁에서 지면 큰일난다고 다그친다고 가정하면 끔찍하지 않을까요? 어차피 비교하는 심리는 인간의 본성이어서 굳이 누가 조장하지 않아도 우리는 충분히 남을 의식합니다.

배움의 대상이 악기나 요리에서 외국어와 수학으로 넘어왔다고 해서 근본이 바뀌는 건 아닙니다. 성적이 잘 안 나올 수는 있지만 외국어와 수학이라고 해서 배움의 즐거움이 사라지는 건 아닙니다. 문제는 점수에 대한 강박과 남과의 비교입니다. 강박과 비교는 즐거움을 앗아가니까요.

강박과 비교는 다름 아닌 입학 시험을 위한 공부의 특징입니다. 즉 **자신의 성장을 위해서가 아니라 입시를 위해 공부하는 순간 공부의 즐거움은 사라집니다.** 그러니 진정으로 아이가 공부를 즐거워하길 바란다면 그리고 자기주도 학습을 원한다면 부모 스스로 공부의 목적이

입시라는 생각을 지워야 합니다. 그리고 아이에게 이런 이야기는 하지 않으셨으면 합니다.

"얘야, 공부를 좋아하는 사람이 어디 있니? 다 힘들어도 참으며 하는 거야. 참는 사람이 성공하는 거야." 이는 사실과 다르거나 매우 편협한 관점의 이야기이기 때문입니다. 본디 배움은 루틴을 만들고 스스로 성장하는 모습을 확인하는 즐거운 과정입니다. 이 관점을 부모가 갖추고 있을 때 아이들도 즐겁게 배우고 성장하게 될 것입니다.

수학을
싫어해요

호야가 태어나서 큰 관심을 표명한 첫 번째 사물은 세탁기였습니다. 드럼통 안에 빨래들이 이쪽저쪽 회전하는 모습을 계속 손으로 가리키면서 옹알거렸습니다. "그거 세탁기야!"라고 알려주니 시옷과 받침을 잘 발음하지 못하고 "에따(세탁), 에따(세탁)" 이렇게 따라하더군요.

아이가 아빠에게 무언가를 요구하면서 처음으로 말을 건 사건도 기억납니다. 그날은 강남구청역에서 아이와 둘이 있었고 저녁을 해결해야 하는 상황이어서 한 돈까스집에 들어갔습니다. 숟가락으로 밥을 조금 뜬 후 돈까스 한 점 올리고 양배추 샐러드를 그 위에 얹어서 먹이려는 찰나였습니다. 호야가 돌연 "또뜨!"라고 외칩니다. 제가 이해를 못하자 호야는 또 "또뜨!"라고 외쳤습니다.

그리고 호야는 까무잡잡한 돈까스 소스를 손으로 가리켰습니다. 소스를 또뜨라고 발음한 것입니다. 며칠 전 핫도그를 사주면서 케첩을 '소스'라고 말하면서 뿌려주고 먹는 방법을 설명해준 적이 있는데 그 영향인 듯싶었습니다. 여하튼 시옷 발음이 어려웠나 봅니다.

세탁기와 소스 같은 단어들도 익혀가지만 대체로 아이들이 가장 먼저 배우는 단어는 아빠, 엄마 정도 말고는 숫자입니다. 손가락을 굽히거나 펴면서 "하나." "둘." 혹은 "일." "이." 이런 걸 열심히 가르치죠. 그러니 아이들이 태어나서 가장 먼저 배우는 과목은 수학입니다. 조금 크면 더하기, 빼기 이런 걸 연습하기 시작하고 그때까지 별 문제는 없는 듯 보이지만 어느새 아이들은 수학을 어려워하기 시작합니다. 수포자가 되는 예비 단계 정도라 하겠습니다.

그런데 "이 과목은 싫어!"라고 하는 아이를 탓하기 전에 혹시 이런 현상이 어른들의 손쉬운 분류법 탓은 아닌지 돌아볼 필요가 있습니다. 아이가 수학을 싫어하면 "얘는 문과 체질이야"라는 말을 하기 시작합니다. 수학도 싫어하고 한국사도 싫어하면 "얘는 예체능 쪽인가?"하고 레고를 좋아하고 드론 띄우기를 좋아하면 "얘는 과학자 체질이야"라고 말합니다. 그리고 아이들은 어른들의 그런 이야기에 영향을 받기 쉽습니다.

그런데 나중에 아이가 수학을 못해서 어쩔 수 없이 문과나 예체능을 택하는 것과 문과나 예체능 쪽으로 갈 거니까 수학을 잘 못해도 된다는 생각은 전혀 다릅니다. 전자는 현실적인 입시 전략이고 후자는 틀린 생각이기 때문입니다.

21세기 AI 시대의 가장 큰 특징을 꼽으라면 '융합형 인재'를 필요로 한다는 점입니다. 대학에서는 온통 융합에 대해 이야기합니다. 문·이과 혹은 교과목의 구분에 대해 강조하면 할수록 뒤처지는 시대입니다.

그러니 혹시 경영학을 전공하고 싶다면 공학 쪽에도 관심을 함께 가질 필요가 있습니다. 지금 주목할 만한 IT 경영자의 다수는 엔지니어 출신입니다. 한편 본인이 이과 성향이라 생각되면 오히려 독서를 통해 인문 소양을 강화할 필요가 있습니다. 스티브 잡스의 경우에서 알 수 있듯이 그냥 엔지니어와 인문학을 바탕에 둔 엔지니어는 도달하는 차원이 다르기 때문입니다.

예술가야말로 '정서'를 그림이나 음악으로 표현하는 것이니 수학은 못해도 된다고 생각할 수 있습니다. 그러나 음악이든 미술이든 피겨스케이팅이든 표현하고자 하는 '비례와 균형'에는 수학이 들어갑니다. 네덜란드의 화가 몬드리안은 그림에서 아예 그 비례를 예술로 표현해 버렸습니다. 공간을 다루는 건축가에게는 인간에 대한 이해와 함께 예술적 감각, 그것을 설계도로 시각화하기 위한 수리적·기하학적 역량이 당연히 필요합니다. 또한 현대의 모든 스포츠 지도자는 수치화된 데이터를 토대로 선수들을 육성하고 있습니다.

그러니 어느 쪽으로 진로를 선택한다고 해도 '수학 쪽' 감각이 부족해도 된다는 생각은 성립하지 않습니다. 초등학교와 중학교의 수학은 전공 방향을 떠나서 어떤 꿈을 꾸는 사람도 배우면 도움이 될 기초 과목에 해당합니다.

제가 이 글을 쓰고 있는 시기에 교육부에서 전국의 대학교로 한 공문을 발송했습니다. 앞으로 대학에서 신입생들을 전공 분류 없이, 즉 통으로 뽑을 것을 독려하는 내용이었습니다. 학생들이 1학년 때 여러 학문을 교양으로 체험한 후 2학년이 될 때 자유롭게 전공을 택할 수 있게 하자는 것입니다. 그리고 이러한 교육부의 방침을 가장 잘 따르는 대학에만 재정 지원을 하겠다고 해 대학에서는 정신없이 입학 제도를 재검토하고 있는 중입니다.

이런 형태면 연구는 대학원 중심으로 가고 학부 과정에서는 외국처럼 이중 전공이 일반화될 것이어서 인문학과 공학을 동시에 전공할 수도 있습니다. 지금도 이러한데 우리의 자녀가 대학에 진학할 즈음에는 어떨까요?

그러니 과목별로 구분해서 아이의 성향을 나누면 곤란합니다. 또 아이가 어떤 과목이 싫다고 할 때 부모까지 쉽게 그 과목을 포기하지 말아주세요. 아이가 현 단계에서 흥미를 가질 수 있는 방법을 고민하고 실행하는 노력을 기울일 필요가 있습니다.

융합형 인재로
키우고 싶다면

그렇다면 수학을 싫어하는 아이에게는 어떤 이야기를 전해주면 좋을까요? 특정 과목을 싫어하는 아이의 태도가 바뀌기 원한다면 융합적 사고가 무엇인지 알려줄 필요가 있습니다.

융합적 사고가 대두되는 지금의 배경에는 자기 전공만 파고드는 편협한 자세로는 새로운 시대의 문제를 해결하는 데 한계가 있음을 알게 되었기 때문입니다. 그럼 이런 사고가 21세기에 등장한 개념일까요? 아닙니다. 학문이 요즘처럼 분류되기 전 인류는 본래 융합적 사고를 했었습니다. 명쾌하고 세밀하게 전공이 나뉘기 시작한 시점은 근대, 그중에서도 19세기 이후입니다.

근대 철학의 아버지라고도 불리는 프랑스의 철학자 데카르트

(1596-1650)의 예를 한번 들어보겠습니다. 우리는 "나는 생각한다. 따라서 나는 존재한다"라고 말한 철학자로 알고 있지만 수학사에서도 매우 중요한 인물로 등장합니다. 그는 침대에 누워 있다가 천장에 파리가 여기저기 붙어 있는 것을 보고 x축과 y축을 고안해 냈습니다. 그 이후로 인류는 좌표축을 그려서 무언가 생각하기 시작했습니다.

또한 독일의 철학자이면서 외교관이었던 라이프니츠(1646-1716)는 미분과 적분을 개발한 수학자이기도 했습니다. 더 고대로 거슬러 올라가 볼까요? 고대 철학을 완성한 아리스토텔레스는 모든 학문과 관련되어 있습니다. 이 글을 읽는 분들이 대학에서 무엇을 전공했든 입문이나 개론서의 첫 챕터에는 대부분 아리스토텔레스가 등장할 겁니다. 그러니까 근대 이전에는 어떤 학문을 공부하더라도 그 사람은 대체로 인문학자이기도 했습니다.

하지만 근대 이후 세상은 전문가를 요구했고 빠르게 학문이 세분화해 점차 전공 간의 장벽이 두꺼워졌습니다. 서로의 영토를 넘어서 아는 척하면 으르렁거리면서 기분 나빠했죠. **지금은 학문 간 단절에 대해 반성하는 탈근대의 시대입니다.** 앞으로 우리 아이들이 사회에 나올 때는 더더욱 다양한 관점을 종합할 줄 아는 '융합적 사고'를 요구할 것입니다.

수학이나 과학 점수가 잘 안 나올 수는 있습니다. 그러나 그 과목들을 싫어할 필요는 없습니다. 아이가 좋아하는 다른 분야(문학, 예술, 스포츠 등)에서 수학 및 과학과의 융합을 요청하고 있기 때문이죠.

부모는 특정 과목이 싫다고 하소연하는 아이에게 어떤 이야기를 들려주어야 할까요? "사회에서 수학은 필요하지 않지만 대학을 가려면 수학 점수도 잘 나와야 해"가 아닙니다. "점수는 잘 나오지 않아도 괜찮아. 다만 너에게 필요한 공부란다"입니다. "1+1=2 가 어렵지 않았으면 그 다음 단계, 또 그 다음 단계도 꼭 어렵게 생각할 필요는 없단다. 너에게 맞는 단계부터 하나씩 풀어가보자"입니다.

그리고 아이가 초등학교 고학년이라면 『논어』에 나오는 '일이관지 一以貫之'의 의미를 들려주는 것도 좋습니다. 일이관지는 하나가 모든 것을 관통한다는 뜻입니다. "네가 좋아하는 과목과 싫어하는 과목이 실은 하나의 이치로 연결되어 있단다. 세상의 모든 지식을 열린 마음으로 접근해 보자"고 조언해 주십시오.

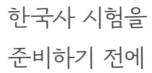

한국사 시험을
준비하기 전에

초등학생 때부터 한국사 능력 검정 시험을 치는 친구들이 있습니다. 그런데 응시하기 위해서는 외워야 할 걸 외워야겠죠. 다만 역사는 본질적으로 암기 과목이 아니라는 점을 이야기하려 합니다. AI 시대에는 더더욱 그렇습니다.

프랑스(병인양요)와 미국(신미양요)이 우리나라를 공격한 연도는 스마트폰에서 바로 확인할 수 있습니다. 그러니 앞으로의 역사 교육은 처음부터 끝까지 "왜?"에서 시작해서 "왜?"로 끝나는 방식이 좋습니다.

이를테면 "왜 프랑스와 미국이 우리 영토에 침입했고 하필 스페인과 포르투갈은 침입하지 않았을까요?" "어떻게 일본은 고대에 우리나

등대 육아

라에서 문화를 전수받았음에도 조선시대 들어 우리를 침략할 만큼의 강대국이 되었을까요?" "성리학은 고려 말에는 개혁 사상이었는데 어째서 조선 말에는 힘을 쓰지 못했을까요?" "왜 서양과 달리 아시아에서는 과학혁명이 일어나지 않았을까요?" 이렇게 말이지요.

암기에 대한 짐을 덜어주고 이야기로 풀면 당연히 아이들은 역사를 배우면서 이런 질문을 하게 되어 있습니다. 그런데 역사를 암기 과목으로 생각하는 순간 이러한 질문은 머릿속에서 사라집니다. 시험에 나오지 않을 것이기 때문입니다. 똑똑한 아이들이 바보가 되어버리는 순간입니다.

역사는 암기의 대상이 아니라 '이야기'라는 걸 먼저 알려줄 필요가 있습니다. history는 '그의his 이야기story'라는 뜻입니다. 재미있는 이야기를 싫어하는 사람은 없습니다. 암기와 주입은 이야기의 생동감을 말살합니다. 어떤 이야기에서 재미를 느끼는 이유는 우리가 그 속에 몰입해서 호기심과 궁금함이 일고 공감과 분노, 힐링 등 어떤 생동감 있는 정서를 느끼기 때문입니다.

역사는 다양한 관점의 장이기도 합니다. 어떤 정해진 바른 역사관이 있다는 생각만큼 위험한 생각은 없습니다. 수학은 2+3=5 말고 다른 이야기를 할 수가 없습니다. 답이 정해져 있기 때문이죠. 다시 말해 수학이 안겨주는 재미와 역사가 전해주는 재미는 그 성격이 다릅니다.

또 역사는 사실을 알려주지만 역사적 상상력은 사실을 벗어나기도 합니다. 예를 들어, 웹소설 『광해의 연인(유오디아 글, 시간여행, 2015.)』은 역사를 배경으로 상상의 나래를 펼친 작가가 그린 로맨스 판타지입니다. 시간 여행을 하는 능력을 갖춘 집안에서 태어난 대학생 여자 주인공이 실종된 아버지를 찾아 선조의 시대로 돌아가고 그곳에서 광해군과 사랑에 빠진다고 '마음대로 상상한' 이야기입니다.

이러한 과거 회귀의 스토리 구조는 수많은 웹소설에서 하나의 정형화된 패턴으로 활용되는 클리셰cliché입니다. 그러나 역사를 배경과 소재로 삼았다는 점 때문에 다른 웹소설과 차별화되었고 폭발적인 인기를 끌었습니다. 이렇게 역사는 상상의 나래를 펴고 스토리텔링하기에 좋은 소재를 제공합니다.

무엇을 외워야 한다는 강박 관념은 초등학교 역사 교육에 어울리지 않습니다. 암기와 주입이 횡행하면 "얘야 그런 거 시험에 안 나온다. 왜 그걸 궁금해하니?"가 되어버립니다. 그리고 역사적 상상력은 시험으로 측정되지 않습니다. 제가 생각하기에 초등학교 역사 교육에서 가장 중요한 것은 '역사적 상상력'입니다. 다들 이 시기를 경험해보아서 알고 있듯이 초등학교 시기는 아이가 상상의 나래를 가장 왕성하게 펼치는 때이거든요.

호야도 언젠가는 한국사 시험을 볼 거라 생각합니다. 하지만 합격이나 고득점 여부는 그다지 신경 쓰지 않을 것 같습니다. 그보다 틀린 문제들을 가지고 아빠와 이야기를 나누자고 할 것입니다. 그리고 아이와 함께 국내든 해외든 자주 답사 여행을 떠나려고 합니다. 살아 있는 역사 공부의 현장을 직접 경험하는 것이니까요.

부모를 위한 인문 고전의 문장들

▶ 말을 만들어 양을 재면 말을 훔쳐가고
  저울을 만들어 무게를 재면 저울까지 훔쳐간다. - 장자

___

아무리 부모가 감시해도 하기 싫은 아이는 도망갈 방법을 찾습니다. 결국 중요한 건 아이의 자율성이죠.

▶ 자신이 바르면 명령하지 않아도 행해지고
  자신이 바르지 않으면 명령해도 따르지 않는다. - 공자

___

자녀에게 거짓말하지 말라고 가르치려면 부모도 그래야 합니다.

▶ 평생 실천해야 할 하나는
  자기가 하고 싶지 않은 것을 남에게도 시키지 않는 것이다. - 공자

___

이 조언은 양육의 과정에서도 기억해야 합니다. 자녀가 어떤 사람이 되기를 바란다면 부모 스스로 그런 사람이 되기를 바라야 합니다.

자녀를 위한 인문 고전의 문장들

▷ 아는 걸 안다고 하고 모르는 걸 모른다고 하는 것,
  이것이 아는 것이다. -공자

___

___

소크라테스가 말한 "너 자신을 알라"는 "너가 아는 게 없다는 사실을 알라"라는 뜻
입니다. 지식 앞에서 겸손할 수 있도록 이끄십시오.

▷ 홀로 걸어가야 하며 동반자는 자기 자신밖에 없다. -칼 구스타프 융

___

___

부모에게 의지하는 아이들에게 이런 말을 들려주면 무서울 수도 있겠습니다. 하지
만 결국 삶이란 건 융의 말대로 자기 스스로가 살아내야 하는 것이거든요. 초등학교
고학년쯤 되면 들려주십시오.

▷ 하나의 이치로 세상을 꿰뚫는다. -공자

___

___

'일이관지'라는 유명한 말의 의미입니다. 아이가 어떤 과목이 어렵다고 할 때 모든 학
문은 서로 다른 것 같지만 결국 하나로 연결되어 있다는 말을 들려주십시오.

등대 육아

3장

지금이 행복한
아이로 키우기

아이의 심리
파악하기

언제부터
지적인 사고를 할까?

호야가 어린이집에 다닐 때 코로나19가 유행하기 시작했습니다. 어린이집 방학 동안 서로 만나지 못한 아이들은 부모들의 도움으로 날을 정해서 저녁 8시에 만나자고 약속한 후 줌을 통해 화상으로 친구들을 만났습니다. 아이들의 첫 비대면 모임이었죠. 여러 친구의 얼굴이 컴퓨터 화면에 나타났습니다.

신기한 표정으로 서로 이름을 부르면서 정신없이 반가워하던 아이들은 "우리 뭐할까?" 하더니 결국 숨바꼭질을 하기로 했습니다. 비대면 숨바꼭질이라니, 정말 아이들이니까 고안해 낼 수 있는 놀이였던 것 같습니다.

종이 왕관을 쓰고 있었던 호야는 술래가 "하나 둘 셋!" 하면서 숫자를 세는 사이에 제가 있는 방으로 오더니 얼굴을 이불과 베개 사이로 밀어 넣더군요. 그러면서 "나 숨었다. 숨었다!" 이렇게 외치고 있는 겁니다. 자기가 아무것도 안 보이면 술래도 깜깜해져서 자기를 못 찾을 거라고 믿는 모양이었습니다. 호야는 당시 어떤 성장의 단계에 있었을까요?

'발달심리'라는 말을 들어보셨는지요. 그 가운데 '인지cognitive 발달'이란 정보를 포착해 이해하고 평가하는 지적인 능력을 습득하는 과정을 의미합니다. 교육심리학계의 아버지라고 불리는 스위스의 심리학자 장 피아제(1896-1980)는 이 과정을 다음과 같이 4단계로 나누었습니다.

1단계 감각운동기
2단계 전조작기(2세~7세)
3단계 구체적 조작기(7세~11세)
4단계 형식적 조작기(11세 이후)

태어난 후 처음에는(1단계) 시각·청각·촉각 등 사람이 갖고 있는 감각 기관으로 외부의 사물을 인지하는 기간입니다. 이후에는 점차 '논리적인 사고(조작, operation)'를 하기 시작합니다. 이런 사고에 익숙하기 전에는 남의 생각과 감정이 자신과 같다고 믿는 경향을 보입니다. 어린이집에 다니던 2단계의 호야는 자신이 깜깜하면 술래도 깜깜할 거라고 여겼던 것이죠.

이렇게 숨바꼭질을 하면서 얼굴을 이불 속에 밀어 넣고 있는 호야의 인지 능력을 객관적으로 신뢰할 수는 없겠죠? 다시 말해 6살 호야의 판단은 부모에게 온전히 존중받을 수 없습니다.

그런데 문제는 이런 성장 과정을 지켜본 부모는 자녀가 커서도 여전히 무지몽매하고 세상을 잘 모른다고 생각하기 쉽다는 점입니다. 그러다 보면 아이가 성장하면서 갈등이 점차 커질 수 있습니다.

대략 11세 이후, 즉 4단계에 도달해야 비로소 아이들은 좀 더 추상적인 사고가 가능해집니다. 예를 들어, "소 잃고 외양간 고친다"라고 하면 소와 외양간만 떠올리는 게 아니라 그 이면에 숨겨진 뜻을 이해할 수 있는 사고가 생기기 시작한다는 거죠. 또 어떤 현상을 보고 그 원인이 되는 가설을 세운 후 추리해 가는 어린이 과학자다운 면모도 갖출 수 있습니다.

그러니 자녀가 초등학교 고학년 정도 되었을 때부터는 아이의 판단을 조금씩 존중해줄 필요가 있습니다. 어떻게 하면 될까요? 부모의 교육관과 충돌하지 않는다는 전제하에서 아이의 선택권을 조금씩 넓혀주는 것입니다. "안 돼"에서 "돼"의 비중을 점차 늘려나가는 것이죠.

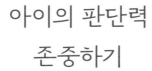

아이의 판단력
존중하기

이번에는 '도덕성' 측면에서의 발달 과정을 살펴보겠습니다. 보통 도덕성 하면 '인성이 나쁜 아이-나쁘지도 착하지도 않은 아이-착한 아이' 이런 식으로 생각하기 쉬운데 여기서의 도덕은 더 넓은 의미입니다. 어떤 상황을 보고 '옳다.' '그르다'라는 판단을 내리는 능력으로 이해하면 좋습니다.

미국의 심리학자 로렌스 콜버그(1927-1987)는 도덕성을 다음과 같이 6가지 발달 단계로 나누었습니다.[14]

혹시 반려견을 키우는 분들은 1~2단계에 대해서 잘 알 것이라 생각합니다. 훈련시킬 때 보호자는 강아지가 예쁜 짓을 하면 칭찬과 상을 주고, 나쁜 짓을 하면 엄한 표정과 단호한 행동으로 일종의 벌을 줍

✖ 로렌스 콜버그의 도덕성 발달 단계 ✖

인습 이전 수준 (pre-conventional level)	1단계- 복종과 처벌 지향 단계: 아이들은 어떻게 처벌을 면할 수 있을까를 생각한다. 행위 결과 칭찬을 받는가 벌을 받는가에 따라 선과 악을 판별한다.
	2단계- 개인적 쾌락 지향 단계: 자신의 욕구를 충족할 수 있는 게 '옳은 것'이라고 생각한다.
인습 수준 (conventional level)	3단계- 착한소년/소녀 지향 단계: 다른 사람이 "착한 아이구나!"라고 인정해 주는 것을 추구한다.
	4단계- 사회 질서와 권위 지향 단계: 법은 꼭 지켜야 하는 것이라고 생각한다.
인습 이후 수준 (post-conventional level)	5단계- 사회 계약 지향 단계: 법은 절대적인 것이 아니고 바뀔 수도 있다는 걸 알게 된다.
	6단계- 보편적 윤리 원리 지향 단계: 스스로 선택한 양심적인 행위가 올바른 행위라고 생각한다.

니다. 그러면 강아지는 자기가 원하는 것(먹이, 간식, 장난감, 산책 등)을 얻기 위해서 복종(앉거나 엎드리거나 기다리거나 손을 내미는 행동 등)을 하는 경향을 보이게 되죠.

우리 아이들도 영아기에는 이와 크게 다르지 않습니다. 아이는 스스로 기분 좋은 것을 하려고 하고 싫은 걸 하지 않으려고 하는 원초적인 반응을 보입니다. 넓게 보아서 초등 저학년까지는 이 단계를 벗어나기 어렵습니다.

3~4단계는 기존의 질서와 권위에 순응하는 모습이 '착하다.' '옳다.' '바람직하다'고 판단하는 시기입니다. 앞서 피아제의 인지 발달 단계와 비교하자면 마지막 단계(4단계) 이후에 해당한다고 할 수 있습

니다. 부모님이나 선생님의 말씀을 잘 들어야 한다는 의무감을 느끼는 시기이기도 하지요. 실제로 가정이나 학교의 모범생이 예쁨을 받죠. 다만 아직 고차원적인 사고에 따른 판단까지 하는 단계는 아닙니다. 적어도 5~6단계는 가야 그런 수준의 도덕과 윤리에 대한 생각을 가질 수 있습니다.

콜버그는 이런 결론을 내리기 전 다음과 같은 딜레마 상황의 질문을 만들어내서 설문 조사를 했습니다. "암에 걸린 아내를 위해 약을 훔친 사람을 처벌해야 할까요?" 이런 질문에 대해 고민 후 나름의 판단을 내릴 수 있는 수준이 이 단계입니다.

하지만 이러한 분류가 모든 이에게 적용되는 건 아닙니다. 청소년기임에도 5~6단계에 도달해 있기도 하고 성인인데도 아직 1~2단계의 도덕성 발달을 보이는 경우 역시 쉽게 발견된다고 합니다.

문제는 우리나라의 많은 부모가 아이들의 자율적인 판단력을 인정하기보다 오히려 3~4단계 정도에 머물러 있기를 희망한다는 점입니다. 5~6단계의 발달을 보이는 아이들은 더 이상 부모의 바람에 맞추어서 판단을 내리는 수준이 아닌데도 말이죠.

아이들이 중학생 정도의 나이가 되면 사춘기, 중2병과 같은 시기를 겪게 됩니다. 이때는 자기의 정체성에 대해 생각하고 기존의 도덕관념이 흔들릴 수 있는 시기여서 그저 부모님 말씀 잘 듣는 3~4단계와는 다소 다른 상황에 처해 있다고 할 수 있습니다. 그렇다고 이 아이들을 무조건 걱정스럽게 볼 필요는 없습니다.

아이가 청소년기에 접어들면 부모의 요구나 바람에 대해 점차 의

문을 가지기 시작합니다. 그리고 그 의문은 정당한 것입니다. 우리가 잘 아는 헤르만 헤세의 성장소설 『데미안』에서 싱클레어는 데미안을 만난 후 부모에게서 배운 선의 관념이 흔들리기 시작합니다. 그리고 이것은 싱클레어가 알을 깨고 나오는 성장의 출발점이 됩니다. 그러니 아이가 알을 깨고 나오기를 바란다면 부모 스스로 아이와의 관계에서 자신이 선의 기준이라는 생각을 조금씩 놓아주시면 좋겠습니다.

혹시 아이가 성장하면서 점차 부모와 다른 가치관을 갖기 시작한다면, 이를 당황해 하거나 서운하게 생각하지 마시기 바랍니다. 우리 아이가 싱클레어처럼 알을 깨고 나오고 있다고 받아들이고 대등한 관계에서 서로의 생각을 나누시기 바랍니다.

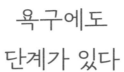

욕구에도
단계가 있다

마지막으로 아이의 바람, 욕구의 단계에 대해서 생각해 보겠습니다. 어떤 걸 바란다는 건 지금은 그걸 갖고 있지 않기 때문입니다. '나는 ~가 없으니까 ~을 갖고 싶다'와 같은 심리입니다.

이와 같이 결핍의 느낌과 함께 그걸 갖고 싶다는 의식이 생기면 목표를 향해 움직이는 경향성을 갖게 되는데, 심리학에서는 이것을 '동기화'라고 말합니다. 흔히 학교나 직장에서 구성원들에게 동기를 부여한다는 말에서의 그 동기입니다.

이 동기 심리학에 지대한 영향을 끼친 미국의 심리학자 에이브러햄 매슬로우(1908-1970)는 인간의 욕구를 크게는 결핍 욕구와 성장 욕구 두 가지로, 또 세부적으로는 7단계로 나누었습니다. 그리고 하위

✖ 매슬로우의 욕구 위계 ✖

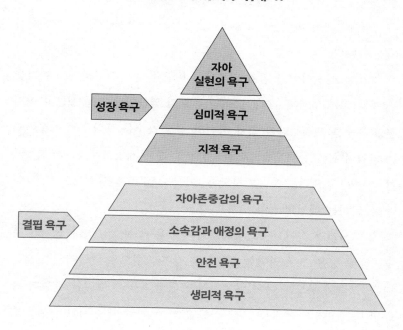

단계의 욕구가 충족되지 못하면 상위 단계의 욕구가 나타나지 않는다고 말했습니다.

　먼저 하위 단계인 결핍 욕구들을 보겠습니다. 생리적 욕구(1단계)의 아이는 태어나자마자 엄마의 젖을 뭅니다. 그리고 동물이든 사람이든 새끼는 안전(2단계)을 위해서 엄마 곁을 떠나려고 하지 않습니다. 또 가정, 어린이집, 학교 등에 대한 소속감(3단계)을 느끼게 됩니다. 이 시기 아이의 욕구는 주어진 환경에 직접적인 영향을 받습니다.

　보호자 없이 자라는 아이를 떠올려보면 다른 아이들에 비해 이런 결핍 욕구가 충족되기 어려운 환경에 놓여 있음을 쉽게 알 수 있습니다. 그 상황에서 아이는 스스로를 존중하는 감정(4단계)이 쉽게 생기지 않습니다.

아이는 성장하면서 점차 주체적인 욕구를 갖기 시작하는데 이것을 '성장 욕구'라고 부릅니다. 그러니 **부모의 역할이란, 처음에는 아이의 결핍 욕구를 채워주다가 점차 아이의 성장 욕구를 도와주고 이끌어주는 일입니다.** 그런데 우리 교육에서 가장 큰 문제는 이러한 성장 욕구를 자녀가 주체적으로 해결하도록 '이끌지 않고' 타율적으로 '만들어 주려고' 하는 데서 발생합니다.

알다시피 지적인 욕구(5단계), 심미적 욕구(6단계), 자아 실현의 욕구(7단계) 등은 모두 권면할 수는 있지만 다그침으로 만들어지지 않습니다. 그런데 부모는 아이들이 이러한 성장 욕구를 갖기를 간절히 바라니 다그침에 익숙해집니다. "공부는 널 위해서 하는 거야." 아예 부탁까지 합니다. "제발 공부 좀 해라. 제발."

초등학교 3학년부터는 자녀의 시험 성적을 통지받습니다. 이때부터 부모는 심각하고도 단호하고 무서운 표정으로 이렇게 말합니다. "엄마(아빠)랑 이야기 좀 해." 이때 아이는 엄마(아빠)가 무슨 말을 할지 이미 알고 있습니다. 그런데 과연 그런 방식으로 아이가 지적 욕구를 가지게 될까요?

여기서 우리가 확실히 알아야 할 게 하나 있습니다. 매슬로우에 따르면 **결핍 욕구를 충족해 주면 누구나 성장 욕구를 가지게 되어 있습니다.** 다시 말해 성장 욕구는 적절한 양육이 이루어진다면 아이를 다그치지 않아도 누구나 자발적으로 갖게 되어 있다는 말입니다.

잔소리보다는 정해진 시간에 책을 읽는 (혹은 공부를 하는) 습관을 만들어주는 것에 신경을 쓰는 편이 낫습니다. 물론 아이가 그마저도 말을 들으려 하지 않을 때 부모는 다소 강압적인 지시를 하게 될 수도 있습니다. 하지만 그 이상의 심각한 표정과 무서운 말은 필요하지 않습니다. 부모는 부모로서 할 수 있는 최선을 다할 뿐이고 그 이후는 아이의 자율성에 맡길 수밖에 없습니다.

그리고 아이의 지적 욕구를 계발하는 가장 좋은 모습은 부모 스스로 지적 욕구를 갖고 살아가는 일입니다. 마찬가지로 아이의 심미적 욕구를 계발하는 가장 좋은 모습은 부모 스스로 심미적 욕구를 갖고 살아가는 것입니다. 음악인이나 미술인 중 대부분은 그런 부모의 환경 속에서 성장했습니다.

저는 직업상 틈날 때마다 책을 읽는 습성이 있는데 이는 호야가 책을 좋아하는 데 영향을 끼쳤으리라고 생각합니다. 또 저 역시 심미적 욕구를 위해서 어릴 때 잠시 배웠던 기타를 일주일에 한 번씩 다시 배우고 있습니다. 나중에 호야와 매년 1곡 정도는 선택해서 함께 연주하고 싶은 소박한 꿈도 갖고 있습니다. 연주라고 해서 대단한 일은 아닙니다. 관객은 제 아내이자 아이의 엄마 1명이더라도 우리에게는 의미 있는 가족 파티이자 음악회가 될 수 있을 테니까요.

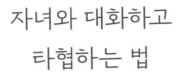

자녀와 대화하고
타협하는 법

호야와 '보드게임 콘'이라는 전시장을 찾았던 적이 있습니다. 국내의 대표적인 업체들이 한데 모인 축제로 우리는 여기저기서 보드게임을 체험하고 저렴하게 몇 가지 구매해서 왔습니다. 중간중간 이벤트도 참여하고 선물도 받고 하니 아이가 집에 가려고 하지를 않더니만 다음날 또 가자고 하더군요.

제가 이곳을 찾았던 이유는 온라인 게임을 좋아하는 아이에게 오프라인으로 게임을 즐기는 체험을 제공하고 싶었기 때문입니다. 보드게임은 일단 서로 대면하면서 진행하고 온라인처럼 빠른 순발력을 요구하기보다 서로의 속도를 맞추어줍니다. 게임을 준비하고 마무리하는 과정에서도 서로가 협력하게 되어 있습니다.

등대 육아

요즘은 종이에 펜으로 메모하면서 하는 게임도 늘었는데 이 방식들이 요즘 같은 세상에서는 고전적인 분위기라고 할 수 있습니다. 여하튼 게임이 전해주는 즐거움도 여러 가지 형태가 있다는 걸 '경험'하게 되면 게임을 바라보는 시각에 균형 감각을 더할 수 있을 겁니다.

청소년들의 게임 중독이 심각한 상황이라고들 합니다. 그러나 아이들에게 "게임은 나쁘다"고 말하는 건 곤란하다고 생각합니다. 게임은 본래 여가 시간에 즐거움을 주는 좋은 것입니다. 다만 스위스의 심리학자 칼 구스타프 융(1875-1961)은 다음과 같은 의미심장한 말을 남겼는데요.

"아무리 좋은 것도 중독이 되면 악이 된다."[15]

무엇이든 중독되면 나쁘다는 말입니다. 그렇다면 게임을 무조건 금지할 게 아니라 적당한 시간을 합의하는 과정이 필요합니다. 아이가 게임 시간이 너무 적다고 하소연하면 좀 더 늘려주면 됩니다. 다만 동시에 우리에게 즐거움은 여러 종류가 있다는 점을 알려줄 필요가 있습니다. 그 가운데 독서의 즐거움, 공부의 즐거움도 있는데 매슬로우가 말하는 지적 욕구를 함께 독려하는 것이죠.

이렇게 부모와 자녀가 합의해 가는 과정은 서로의 이성적인 대화를 전제로 합니다. 초등학교 입학 이후부터 이런 대화를 시도할 수 있고 고학년 정도면 더 원활히 해나갈 수 있습니다. 그러다 아이가 중학생이 되면 부모는 자녀와 좀 더 대등한 관계하에서 대화를 나눌 필요가 있습니다.

앞서 피아제(p.178 참조)와 콜버그(p.180 참조)를 통해 아이의 지적·도덕적 발달 심리의 모습을 대략 살펴보았고, 또 매슬로우(p.184 참조)를 통해 아이의 욕구 심리도 보았습니다. 각각 상위 단계로 진입하는 시기가 있었는데 이 시기는 우리가 성년으로 규정하는 시기(약 20세)보다 더 앞섭니다. 무슨 말이냐 하면 우리 자녀가 중학생이 되면 여전히 미성년자로서 미성숙한 연령이지만 인지적·도덕적 판단력으로는 성인 못지않을 수도 있다는 것입니다.

다만 이들이 성인과 다른 점은 아직 가정이나 학교 밖의 사회 활동을 하지 않는다는 점입니다. 청소년들의 판단이 성인의 판단보다 신뢰받기 어려운 이유가 여기서 빚어집니다. 하지만 바꾸어 생각해 보면 아이들은 단지 경험이 부족할 뿐 인지적·도덕적인 역량에서 성인보다 부족하다는 것은 편견일 수 있습니다.

따라서 저는 중학생 정도부터는 아이의 인지적인 사고력이나 도덕성 판단에 대해 부모들이 존중하는 자세가 필요하다고 생각합니다. 부모가 생각하기에 절대 안 되는 것들(흡연, 마약, 폭력, 음주 등)을 빼고는 되도록 아이가 원하는 것을 들어주려는 자세 말입니다.

이 시기에는 아이의 바람을 적절히 수용하고 아이에게 요구할 것은 요구하는 대화와 타협의 자세가 필요합니다. 무조건 부모의 말을 따르라고 하거나 하라는 대로 하라는 방식은 역효과를 일으킬 수밖에 없습니다. 그보다 계속 선택의 권리를 넓혀주고 그에 따르는 책임까지 함께 부여하는 게 현명합니다.

그리고 "네가 아직 사회를 잘 몰라서 그래"라는 말은 하지 않았으면 좋겠습니다. 사회를 충분히 경험해 본 청소년은 없습니다. 따라서 이런 말은 공정하지 않은 대화법이자 상대방의 이야기를 차단하고 자신의 주장을 관철하려는 폭력적인 성향까지 갖고 있습니다. 그보다는 엄마와 아빠가 경험해 본 사회에 대해서 알려주고 판단은 아이에게 맡기는 자세가 필요합니다.

독자들 가운데 이 말이 서운할 분도 있겠지만, **부모와 자녀는 '다른 사람'입니다. 다른 사람은 다른 가치관을 갖는 게 자연스럽습니다.** 자녀가 성장하면서 부모의 바람과 다른 길을 간다고 해서 그것을 잘못된 길로 생각하고 자신의 견해를 강요하면 양육자의 사랑은 아이들에게 폭력이 될 수도 있습니다.

아이의 인지 능력이 발달하고 도덕성(판단력)이 발달하는 것을 지켜보며 필요한 경험을 제공하고 이를 계속 성장으로 연결시켜주는 것이 부모의 역할임을 잊지 말아야 합니다. 그렇게 자녀가 성인이 될 때까지 아이의 부족한 부분을 부모가 채워주면서 이끌어준다면 그보다 더 훌륭한 양육이 있을까요.

부모를 위한 인문 고전의 문장들

▷ 상처 입은 자만이 다른 사람을 치유할 수 있다. - 칼 구스타프 융

혹시 스스로 상처받은 영혼이라고 생각하시나요? 그렇다면 훌륭한 양육자의 조건을 갖춘 셈입니다. 앞으로 자녀가 가진 내면의 상처를 치유할 수 있을 테니까요.

▷ 어떤 부모는 자녀보다
자녀 속에 있는 자신을 더욱 사랑한다. - 프리드리히 니체

자녀를 사랑한다고 하면서 실은 자신의 욕심을 채우려는 부모는 아닌지 돌아보십시오.

▷ 저마다의 영혼에게 다른 영혼들은
세계 너머의 세계다. - 프리드리히 니체

자녀의 영혼도 부모의 영혼 너머에 있습니다. 그 영혼의 개성을 존중해 주십시오.

등대 육아

자녀를 위한 인문 고전의 문장들

▷ 춤추는 별을 낳으려면
인간은 자신 속에 혼돈을 간직하고 있어야 한다. -프리드리히 니체

_____

_____

아이가 내적으로 힘들어할 때 부모는 해결을 위해 노력하되 그런 고민은 성장을 위한 자연스런 과정이라는 점도 함께 들려주십시오.

▷ 어떤 행동에서 그 마음이 생겨난다. -아리스토텔레스

_____

_____

앞으로 공부하라는 잔소리는 멈추십시오. 대신 습관을 잡아주는 것에만 주력하십시오.

▷ 새는 알에서 나오려고 투쟁한다. 알은 세계다.
태어나려는 자는 하나의 세계를 깨뜨려야 한다. -헤르만 헤세

_____

_____

새가 알을 깨고 나오는 장면은 동화에서 자주 보이니까 아이에게 익숙합니다. 너도 성장하다보면 저런 경험을 해야 한다고 말해주세요.

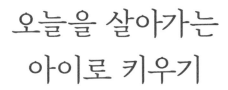

오늘을 살아가는
아이로 키우기

어제:
과거와 대화하기

우리는 대체로 행복을 미래와 관련지어 이야기합니다. 아이의 관점에서 예를 들면, '저 아이랑 사귀면 행복할 거야.' '게임을 할 수 있는 컴퓨터와 대화면 모니터를 갖게 되면 행복할 거야' 같은 식이죠. 이런 소망을 이야기할 때는 어쨌든 아직 행복이 손에 잡힌 건 아닙니다.

살면서 누구나 순간의 행복감을 느끼는 때가 있긴 합니다. 그 시점은 당사자에게 '현재'가 되죠. 다만 자주 오는 일은 아니어서 1년에 몇 번 경험하기 어렵습니다. 우리 부모들도 지난 1년 중 행복감을 얼마나 자주 느꼈는지 돌아보면 알 수 있습니다.

그렇다면 지속적인 행복이란 어디서 오는 걸까요? 의외로 행복은 '과거를 대하는 태도'와 관련이 있습니다. 다시 말해 후회나 자책과 같이 과거를 향한 감정을 어떻게 처리하냐가 중요하다는 거죠.

부모들도 그랬듯이 우리 아이들도 자라면서 점차 과거가 쌓여나가고 그에 대한 '기억'이 축적되기 시작합니다. 그리고 그 기억에 대한 인상과 정서가 함께 따라옵니다. 좋았던 기억도 있고 나빴던 기억도 있죠. **이 지나간 기억들과 어떻게 대화하는지는 지금의 행복에 결정적인 영향을 끼치게 됩니다.**

그런데 과거에 대한 인상은 고정적이지 않다는 점을 알아둘 필요가 있습니다. 지금의 상황에 따라 혹은 지금 나의 가치관에 따라 바뀌기도 한다는 말이죠.

영국의 역사학자 에드워드 카(1892-1982)는 자신의 저서 『역사란 무엇인가』에서 "역사란 현재와 과거 사이의 끊임없는 대화"라고 표현했습니다. 개인의 역사도 그렇습니다. 미워했던 누군가를 나중에는 이해하고 용서하기도 합니다. 뼈아팠던 사건이 세월이 흘러서는 오히려 다행으로 여겨지는 경우도 있습니다. 또 돌아보면 무엇에 왜 그토록 집착했는지 이해가 되지 않는 일도 경험합니다. 과거의 사건은 그대로지만 과거를 대하는 지금의 상황이나 우리의 태도가 바뀌었기 때문입니다.

나빴던 기억을 억지로 좋게 느낄 수는 없습니다. 하지만 과거를 돌아볼 때 긍정적인 시선을 갖추는 태도는 연습을 통해 습관화할 수 있습니다. 주변을 보면 어른들도 늘 과거에 대한 후회, 지금에 대한 자책과 남 탓을 입에 달고 다니는 사람이 적지 않습니다. 이는 그 사람의 현실이 후회와 자책, 남 탓을 해야 할 만큼 비참한 상황이어서일까요?

아이에게 틈틈이 **너의 지금과 내일이 소중한 것만큼 네가 지나온 길들도 정말 소중하다는 것을 알려주면 좋겠습니다.** 지나온 길이 꼭 아름다울 필요는 없습니다. 굴곡진 길일 수도 있고 상처투성일 수도 있습니다. 그러나 그 길 역시 너의 일부분이고 너라는 존재는 '과거까지 포함해서' 참으로 소중함을 알려주는 일입니다.

새하얗고 맑기만 하던 아이의 석판에 세월과 함께 점차 '상처'라는 게 새겨지기 시작합니다. 그 상처는 깊어지기도 합니다. 남들은 모르거나 이해하지 못하는 자기만의 내밀한 상처일 수도 있습니다. 그 상처에서 자책과 후회, 회환과 절망 등의 감정들이 맴돌게 됩니다. 생긴 상처를 살짝 안 보이게 봉합할 수도 그대로 놔두고 살아갈 수도 있습니다. 하지만 결국 상처는 없어지지 않기에 그 상처를 바라보는 자세는 중요합니다.

그 누구의 빛나는 삶도 상처를 포함합니다. 있는 그대로, 그 또한 '나라는 소중한 존재의 일부'로 받아들일 수 있는 아이로 성장하기를 바랍니다. 그럴 수 있다면 아이는 부모가 바라는 대로 단단한 어른이 될 수 있을 것입니다.

오늘:
지금을 살기

그리스의 작가 니코스 카잔차키스(1883-1957)의 소설 『그리스인 조르바』를 보면 '지금, 여기'를 살아가는 한 인물의 모습이 소설 전반에 생생하게 묘사되어 있습니다. 그는 스스로가 어떤 사람인지에 대해서 이렇게 설명하는 대목이 있습니다. "자신은 잠잘 때는 잘 자고, 일하고 있을 때는 열심히 일하고, 키스할 때는 키스를 잘하는 사람"이라고요.

요즘 저는 이전에 없던 편두통이라는 증상이 생겨서 가끔 잠을 잘 이루지 못하는 때가 있습니다만 다행히 아이는 잠이 들면 세상모르고 태평합니다. 그 모습처럼 커서도 잘 때는 푹 자는 사람이 되면 좋겠습니다. 또 조르바처럼 일할 때는 일에 집중하고 키스하고 있을 때는 딴

일을 잊어버리는 사람이 되면 좋겠습니다. 그것이 지금 행복할 수 있는 유일한 길이거든요.

파울로 코엘료의 소설 『연금술사』에서는 양치기 소년 산티아고가 보물을 찾아 길을 떠납니다. 그렇게 방랑하던 중 사막에 이르렀을 때 어느 영국인과 동행하게 되는데 영국인은 산티아고에게 이런 말을 들려줍니다. "난 음식을 먹는 동안엔 먹는 일 말고는 아무것도 하지 않소. 걸어야 할 땐 걷는 것, 그게 다지…"라고요. 그리고 과거도, 미래도 아닌 현재만이 유일한 관심사라면서 진정으로 행복한 사람은 영원히 현재에 머무를 수 있는 사람이라는 걸 알려줍니다. 그러던 중 누군가 기다리던 오아시스가 보인다고 외쳤는데도 영국인이 태연히 있자 산티아고는 왜 저곳으로 당장 달려가지 않냐고 묻습니다. 영국인의 답은 이랬습니다. "지금은 잘 시간이니까."

그렇죠. 평생을 기다려온 목적지가 눈앞에 있어도 지금은 자야 할 시간이라면 여느 때처럼 잘 자는 게 인생입니다.

사실 아이들은 카잔차키스나 코엘료가 소설을 통해 전하는 이 진리를 이미 실천하고 있습니다. 어차피 아이들에겐 어제도 내일도 없고 지금이 제일 중요하니까요. 부모들은 왜 아이가 해맑게 노는 사진을 SNS 포스팅으로 올리거나 메신저 프로필 사진으로 설정할까요? 지금 즐거운 사람의 얼굴을 보고 있으면 보는 사람도 즐겁거든요. 어른들은 잘 그러지 못하죠.

아이의 행복을 위해 부모들은 온갖 일을 마다하지 않지만 오히려 본래 아이가 갖고 있는 특성이 사라지지 않게 유의해야 합니다. 바로 '지금을 살아가는 자세'입니다. 그런데 안타깝게도 이 자세는 우리의 교육으로 인해 대부분, 그것도 다른 나라의 아이들에 비해 아주 빨리 상실되는 게 현실입니다. 우리나라의 많은 교육 종사자가 '내일'을 무기로 '지금'을 위협하기 때문입니다.

어떻게 해야 할까요? 다음 글을 읽고 함께 고민해 보면 좋겠습니다.

내일:
행복을 미루지 않기

내일을 소재로 삼았지만 이는 결국 '지금'에 대한 또 다른 이야기입니다. 우리 교육의 나쁜 습관 중 하나는 바로 '나중에의 기약'과 '지금의 희생'을 동일 선상에서 이해한다는 점입니다.

아이들이 미래를 준비하는 건 여타 OECD^{Organization for Economic Cooperation and Development} 국가나 우리나 마찬가지입니다. 그런데 왜 우리나라 청소년들의 행복지수가 가장 떨어질까요? 지금은 희생해도 좋다는, 아니 오히려 희생해야 한다는 태도 때문이 아닐까요? **유아나 청소년이나 어른이나 노인이나 모두 지금을 살아가는 존재이지 내일을 위해 지금을 희생하는 존재가 아닙니다.** 우리의 시간은 언제나 현재진행형입니다.

소크라테스 이전에 살았던 고대 그리스의 철학자 헤라클레이토스 (B.C.540-B.C.480 추정)는 "우리는 동일한 계곡에 발을 두 번 담글 수 없다"고 말했습니다. 발을 스치고 지나가는 물은 언제나 새 물이기 때문이죠. 발을 담그고 있는 행위는 그대로지만 그 물은 어떤 순간도 동일한 물이 아닙니다.

아이의 오늘과 내일도 그렇습니다. 매일매일 같은 패턴의 하루를 보내는 것 같지만 그날은 과거에 한 번도 지나온 적이 없는 새로운 날입니다. 아이들은 매일 이 새로움을 느끼면서 하루를 즐길 수 있어야 합니다. 배움, 놀이, 부모와의 여행, 독서, 게임 모두 그 즐거움을 채워주는 내용이 될 수 있습니다. '일신우일신日新又日新(날마다 새로워짐)'이라는 말이 있죠. 매일 이어지는 즐거움 속에서 아이들의 내일이 오늘보다 조금 더 새로워지도록 교육하는 것으로 충분합니다.

아이들이 중학생이 된다고 크게 달라질 필요는 없습니다. 초등학생일 때와 비교하면 놀이보다 배움에 들이는 시간을 늘려서 지적 성장을 꾀할 뿐 놀이가 없어지는 시기는 아니니까요. 주의해야 할 것은 놀이만 즐겁고 배움은 힘든 과정이라는 이분법적 착각입니다. 배움은 놀이에 비해 노력과 인내가 필요하지만 그 또한 즐거운 과정이라는 인식이 중요합니다.

만약 누군가가 중학생이나 고등학생 시절은 "미래를 위해 준비하는 시기"라고 하면 틀린 말이 아니지만 "미래를 위해 희생하는 시기"라고 말한다면 뭔가 인생을 잘못 살고 있다는 증거가 됩니다. 누구의 삶에서도 '희생'이라는 단어는 지울 필요가 있습니다. 성장 과정에서 혹시 아이가 그런 생각을 갖고 있다면 '희생하는 하루'가 아니라 '지금이 즐거운 하루'로 바꾸기 위해 아이와 대화해야 합니다.

'나중에'보다 '지금'이라는 단어를 자주 사용하십시오. 예를 들어, "애야, 나중에 어쩌려면 지금 이걸 해야 한단다"라는 말보다는 "애야, **지금** 엄마(아빠)가 해야 할 일이 있는 것처럼 너도 **지금** 네가 해야 할 일들이 있단다"와 같이 '지금'에 포인트를 맞추어 말하거나 대화하는 것입니다. 아이들에게나 어른에게나 나중이란 말은 매우 막연하고 검증되지 않은 언어입니다.

어떤 상황에서도 지금을 살아가는, 지금을 즐길 수 있는 연습이 필요합니다. 행복을 내일로 미루는 습관은 평생을 따라다닐 수 있거든요.

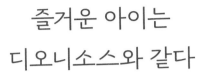

즐거운 아이는
디오니소스와 같다

호야는 2살 때 걷기를, 3살 때 뛰기를, 4살 때 킥보드를, 6살 때 네발
자전거를, 7살 때 두발자전거를 타기 시작했습니다. 그런데 아이들은
어떤 역량을 하나씩 터득할 때마다 어디론가 '진출'하려는 공통점이
있더군요. 그리고 이런 아이들의 진출은 곧 위험을 동반합니다.

호야가 걷고 뛰기 시작했을 때는 역삼동에 살았습니다. 직장인들
로 바글대는 테헤란로가 바로 앞이고, 인근 공원이라고 해봐야 선정
릉처럼 거창하면서 조금 거리도 있고 유료인 곳이어서 뛰놀만한 공간
을 애써 찾아야 했습니다.

킥보드를 사주었을 때는 서래마을 빌라에 살았는데, 현관 입구에
서부터 차들이 다녔기 때문에 늘 언덕 위에 위치한 안전한 공원에서

만 킥보드를 타게 했습니다. 두발자전거 타기는 사당동으로 이사 온 후였는데 이곳은 좀 한적하고 아파트 바로 앞에 공원이 있어서 비교적 안전했습니다. 하지만 아이들끼리 내리막길을 타면서 속도 경쟁을 하고 있거나 배달 라이더들이 쌩쌩 대는 횡단보도를 건너는 모습을 보면 부모의 눈동자는 커집니다.

아이들은 어떤 능력을 얻게 되면 잠시도 가만 있지 못합니다. 예를 들어, 괴성을 지를 줄 아는 능력을 터득하면 반복해서 시끄러운 소리를 냅니다. 이렇게 에너지를 발산할 수 있는 새로운 통로들을 발견할 때마다 어른들은 피곤해집니다.

이런 아이들에게서 위대함을 발견한 철학자가 있습니다. 역발상에 강했던 니체였죠. 『차라투스트라는 이렇게 말했다』에는 그리스 신들인 아폴론과 디오니소스를 비교하는 장면이 나옵니다. 신들의 제왕인 아폴론에 비해 술과 축제의 신인 디오니소스의 이미지는 망나니처럼 다가옵니다. 그런데 니체는 유별나게도 디오니소스에게서 자기 철학의 정수를 발견했고 아이들을 작은 디오니소스들로 여겼습니다.

디오니소스와 아이들의 공통점은 무엇이죠? 바로 무질서하게 에너지를 발휘한다는 점입니다. 이런 모습을 두고 니체는 '힘에의 의지'라고 표현했습니다.

아이들은 내일을 걱정하지 않고 오늘, 바로 이 순간을 살아가면서 행복과 즐거움을 추구합니다. 그리고 에너지를 아낌없이 발휘합니다. 그러다 지치면 때와 장소를 가리지 않고 잠에 빠지죠. 이런 모습은 이성이나 염려, 걱정과 같은 머릿속 움직임의 결과가 아니라 몸의 본능적 발산과 반응입니다. 니체는 그런 아이들에게서 마치 봄에 새싹이 돋는 것과 같은 '생명력'을 발견했습니다.

또 니체는 "춤을 출 줄 아는 신만을 믿으리라"는 말도 남겼습니다. 어른들과 달리 아이들은 아무 곳에서나 춤을 춥니다. 가르치지 않아도 또 아무 눈치 봄 없이 그렇습니다. 그러니 아이를 키우는 부모들은 니체의 철학을 읽지 않아도 춤을 추는 디오니소스를 매일 볼 수 있습니다. 비록 그들의 무질서함과 끝없는 에너지의 발산에 한시도 눈을 뗄 수 없지만 말이죠.

양육 때문에 힘들겠지만 부모들도 니체처럼 아이들에게서 배워야 할 게 있습니다. "오늘 이 순간 행복하기!"를 말이지요.

등대 육아

부모를 위한 인문 고전의 문장들

▷ 창조란 불꽃놀이의 마지막 불꽃이 만들어내는
길과 같은 것이다. - 앙리 베르그송

바닷가에서 불꽃놀이를 할 때 불꽃이 어디로 갈지는 알 수 없죠. 베르그송은 창조의 길을 그렇게 비유했습니다. 아이를 창의적으로 키우고 싶다면 먼저 답을 주어서는 곤란합니다.

▷ 우리 교육의 문제는
아무도 고독을 견디는 법을 가르치지 않는다는 점이다. - 프리드리히 니체

아이에게 혼자 있는 법에 대해 가르쳐주십시오. 책을 읽거나 음악을 감상하거나 혼자 요리를 해서 먹거나 같은 일들 말입니다.

▷ 사랑이 지나쳐 명령하지 못하면
방자해져도 다스리지 못한다. - 『손자병법』

아무리 자녀를 사랑하고 친구처럼 지내더라도 훈육을 위해 부모로서의 권위를 갖추기 바랍니다.

자녀를 위한 인문 고전의 문장들

▷ 당신이 영원히 현재에 머무를 수만 있다면
당신은 진정 행복한 사람일 게요. -파울로 코엘료

나중을 위해 지금을 희생하는 하루가 아니라 지금이 즐거운 하루를 살도록 이끌어 주세요.

▷ 나는 매일 세 가지를 돌아본다. 주어진 일에 최선을 다하고 있는가?
친구에게 신뢰받는 사람인가? 배운 것을 복습하고 있는가? -증자

아이가 매일 이 세 가지를 가지고 자신의 하루를 돌아본다면 정말 훌륭한 사람으로 성장하겠죠?

▷ 지난 일에 대해
"내가 그렇게 원했다"라고 말하는 습관을 들여라. -프리드리히 니체

어떤 일이 펼쳐지면 늘 후회하는 사람이 있습니다. 지난 일에 대해 책임 있고 긍정적인 자세를 갖출 수 있는 사람으로 이끄십시오.

진로
기다려주기

진로 선택은
빠를수록 좋을까요?

초등학교 입학식 전 호야에게 과제가 하나 주어졌습니다. 입학식날 '장래 희망을 그린 조그마한 깃발을 들고 입장하기'였습니다. 아무래도 첫 과제다 보니 부모로서는 신경이 쓰이지 않을 수 없었습니다.

호야는 유아기 때 유독 공룡을 좋아했기 때문에 입학하기 1년만 전이었어도 티라노에 비해 덩치는 작지만 날렵하고 파워도 상당한 스피노사우루스나 혹은 공룡을 연구하는 과학자를 그렸을 겁니다.

하지만 초등학교 입학 무렵에는 공룡에서 관심이 멀어졌기에 혹시 어떤 걸 그리고 싶어 할지 기대가 되었습니다. 나중에 보니 아직 또렷한 장래 희망이 없어서인지 엄마가 임의적으로 안내한 몇 개의 직업 가운데 선택해서 그림을 그렸더군요. 통상 사회적으로 괜찮다고 이야기되는 직업 중 하나였습니다.

제가 만약 초등학교 입학 행사를 준비하는 선생님이었다면 부모의 뜻이 개입되기 쉬운 장래 희망보다 지금 자신이 가장 좋아하는 물건이나 재미있어 하는 일(춤 추기, 자전거 타기, 맛있는 것 먹기 등)을 그려 보라고 했을 것 같습니다. 아직 주체적으로 미래의 모습을 그려보기에는 무리가 아닐까요.

현재 진로 교육은 중·고등학교는 물론 초등학교에서도 아주 중요한 비교과 과정으로 이루어지고 있습니다. 사실 간단한 진로 교육은 어린이집에서도 있었습니다. 그런데 저는 유아나 초등생을 대상으로 한 진로 교육은 매우 세심하게 이루어져야 한다고 생각합니다.

아이들은 직업에 귀천이 있다고 생각하지도 않고 어떤 직업이 현실에서 인정받는지 혹은 미래에 유망한지에 대해 관심도 없고 아직 판단할 힘도 없습니다. 그런 상황에서 진로 교육은 자칫 세상의 수많은 직업 가운데 몇몇에 가중치를 부여해서 아이의 상상력을 좁힐 가능성이 있습니다.

자유롭게 미래를 상상하고 꿈꾸면서 장래 희망을 그려나갈 수 있는 자연스러운 환경이 아이에게는 필요합니다. 그리고 부모는 도덕적인 문제가 없다면 아이가 꺼내는 모든 직업에 대해 긍정적인 자세를 취해줄 필요가 있습니다. 그냥 이 한마디면 됩니다. "그래 너 정말 멋진 생각을 갖고 있구나('엄지척'까지 해주죠)! 엄마(아빠)가 도와줄게."

혹시 부모 입장에서 맘에 들지 않거나 황당한 직업이라도 너무 근심에 빠질 필요는 없습니다. 아이들의 변덕은 꿈이라고 예외는 아닐

테니까요. 호야도 유아기 때의 꿈은 공룡이 아니었겠습니까? **중요한 건 부모가 너를 믿고 응원한다는 메시지입니다.**

어른들의 무심한 말 하나하나가 아이에게 작용합니다. 그리고 부모는 아이에게 올바른 가치관을 심어주려고 하죠? 물론 우리 아이가 험한 세상을 바르게 살아내기 위해서 이런 교육이 꼭 필요합니다. 그럼에도 불구하고 이 과정이 혹시 자녀의 진로 선택에 좋지 않은 영향을 끼치지는 않는지 유의해야 합니다.

가치관을 갖게 되면 세상에서 좋은 것들을 구분해서 바라보기 시작하고 나쁜 것들을 배제해 나갑니다. 그것은 아이가 생각하거나 실천하는 영토의 범위를 제한합니다. 예를 들어, '거짓말하는 건 나쁘다' '남의 물건을 훔치는 건 나쁘다'라고 인식하면 '거짓말'과 '도둑질'은 아이의 세계에서 배제되는 것이죠. 이러면서 아이들은 사회에 적응하게 됩니다.

이와 달리 장래 희망에 대해서는 아이들이 성급하게 가치 판단을 할 필요가 없습니다. 아니, 오히려 곤란합니다. 아이가 부모에게서 "네가 커서 어떤 직업을 가졌으면 좋겠다"는 말을 지속적으로 들어왔다고 가정해 보겠습니다. 아이는 그 직업이 '좋은 직업'이라는 인식을 갖게 되는데, 좋게 말해 진로 교육이지만 아이가 꿈꾸는 세상은 협소해집니다.

사람에게는 '정신의 운동장'이란 게 있습니다. 나이를 먹으면 넓어질 것 같지만 더 좁아집니다. '정신의 그라운드 넓히기'는 초등 교육의 중요한 방향이 되어야 옳습니다.

저는 호야를 키우면서 직업(혹은 진로)에 대한 이야기는 하지 않습니다. 어린이집 시절 자신이 공룡 박사라고 자랑했던 것처럼 스스로의 입에서 어떤 희망이 나올 때까지 기다리려고 합니다. 그리고 그것이 무엇이든 이렇게 이야기해 주려고 합니다. "좋아! 아빠가 도와줄게." 그리고 그 장래 희망과 관련해서 더 세련되고 유망한 길은 어떤 게 있는지는 그때 열심히 알아보고 안내해 주려고 합니다.

너는 왜
꿈이 없니?

얼마 전에는 사설 학원의 요청으로 특목고 지원 학생들의 면접 연습에 면접관 역할로 참여했습니다.

요즘 우수하다는 학생들의 꿈은 그냥 의사나 과학자가 아니라 흉부외과 전문의, 의공학자, 신약개발원 등 상당히 구체적입니다. 그리고 이러한 자신의 꿈을 달성하기 위해 해당 고교가 자신에게 얼마나 적합한 학교인지 어필하기 위해 노력합니다. 다만 이들의 꿈이 몇몇 직업군에 몰려 있고 그런 꿈을 갖게 된 스토리의 설득력이 강하지 않다는 아쉬움이 남습니다. 다음 사례와 비교해 보죠.

예전에 군 복무 중 수능 만점을 받은 한 수험생은 남다른 포부를 밝힌 적이 있습니다. 평소 프리미어 리그를 즐겨 보면서 스포츠 기록에 관심을 갖게 되었다면서 "향후 통계학과에 진학해 스포츠 데이터 분석가로 활약하고 싶습니다"라고 했습니다.

수능 만점자가 스포츠 분석원이 되겠다고 하면 부모 입장에서는 서운한 생각이 들 수도 있습니다. 하지만 분석가는 애널리스트이고 소재를 스포츠 데이터로 잡았을 뿐입니다. 이 만점자는 미래의 빅데이터 전문가로 성장할 확률이 높습니다. 자신의 흥미와 연결시켜 진로를 설정했기 때문에 자연스럽게 성공 가능성도 높은 접근입니다.

그런데 의사가 되고 싶다는 지원자들은 그 동기에 대해 대체로 남을 도와주고 싶다는 봉사 정신을 이야기합니다. 그 말이 진심이라 하더라도 모두가 하는 이야기는 참신함이 떨어지기 마련입니다. 그리고 진로 선택의 과정이 '남(에 대한 봉사) → 나(의 보람)'의 방향이라 타인에게서부터 출발하고 있습니다.

그에 비해 이 수능 만점자가 갖게 된 꿈은 '축구를 좋아하는 자신'에게서 출발했습니다. 그러면 남을 의식하지 않고 자신이 좋아하는 것을 주체적으로 선택해서 행복에 더 직접적으로 다가갈 수 있습니다.

하나 더 생각해 보겠습니다. 장래의 목표가 구체적일수록 심사위원들에게 좋은 평가를 받을까요? 제 생각은 좀 다릅니다. 면접장에서 장래 희망이 무엇인지 물어보지만 대학이든 고등학교든 '장래 희망이 선명하고 구체적인 응시자에게 높은 점수를 부여한다'는 지침은 존재하지 않습니다. 그저 면접관의 느낌대로 점수를 줄 뿐입니다.

면접을 위해 없던 꿈을 만드는 것보다는 자신이 관심 있는 분야나 교과목을 언급하면서 좀 더 넓고 유연한 진로의 범주를 표출하는 '솔직한 태도'도 면접 전략으로 나쁘지 않습니다. 내가 남들에 비해서 똑똑하다는 것은 여러 방식으로 드러낼 수 있으니까요.

그리고 "진로 설정이 명확하고 간절할수록 공부를 열심히 한다"라는 인식이 퍼져 있습니다만 과연 그럴까요? 고2나 고3 같은 입시생의 단기적인 전략으로는 괜찮습니다. 그러나 '지속적인 노력'의 측면에서 이러한 인과 관계는 증명되지 않았습니다. 중학생에게, 나아가 초등학생에게 위 명제를 적용하다가는 오히려 역효과를 낳을 거라고 생각합니다.

부모들은 자녀의 꿈이 강요로 만들어지지 않는다는 점을 인식해야 합니다. 우리 사회는 지금 매우 이른 시기부터 아이에게 꿈을 강요하고 있습니다. "너는 왜 꿈이 없니?"가 여기저기서 들립니다. 꿈이 없다고 어린 학생들을 다그칠 일이 아닙니다. **꿈은 욕망의 다른 표현이고 욕망은 인간의 가장 강한 본질 중 하나입니다.** 갖지 말라고 강요해도 가질 사람은 갖게 되고, 없는 욕망을 자꾸 가지라고 해서 가져지는 것도 아닙니다.

공부는 그 자체에 대한 호기심과 성취감을 바탕으로 이끌 필요가 있습니다. 그리고 그렇게 공부하다 보면 누구나 자신이 하고 싶은 일이 머릿속에 그려질 것입니다.

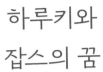

하루키와
잡스의 꿈

대학에 입학하면 사정이 달라질까요? 현직 교수들도 이 한탄을 자주 합니다. "요즘 학생들은 꿈이 없어요."

대략 15년이나 진로에 대한 공적·사적 교육을 받아온 학생들이 대학에 가서 그런 이야기를 듣는 수모를 겪는 게 현실입니다. 그렇게 고생하고 들어왔음에도 대학에서는 전공을 잘못 택했다고 후회하는 학생으로 넘쳐납니다.

그러니 꿈을 가지려고 애쓰기 전에 좀 차분히 꿈에 대해 생각해 보는 시간이 필요합니다. 최근에는 커서 작가가 되기를 원하는 중학생이 꽤 있던데요. 다음 사례를 보겠습니다. 매년 노벨 문학상 수상 가능성 여부로 주목받는 일본의 소설가 무라카미 하루키는 어떻게 소설가

등대 육아

가 되었을까요?[16]

그는 중산층 가정에서 태어나 경제적으로 큰 어려움 없이 학창 시절을 보냈습니다. 학교 공부에 그다지 흥미를 느끼지 못했고 친구들과 우르르 몰려다니는 성격도 아니었으며 특별한 꿈이 있지도 않았습니다. 다만 독서를 좋아해서 굉장히 많은 양의 책을 읽어나갔습니다. 좋아하는 소설은 영어 원문을 찾아서 읽기까지 했습니다. 다행히 성적은 그런대로 나와서 명문대라 불리는 와세다대학교에 입학했습니다.

그는 대학 시절에도 학업에는 큰 흥미가 없는 가운데 어찌해 졸업 전에 일찍 결혼을 하게 됩니다. 성향상 회사원이 되고 싶지는 않았고 당장 경제적인 문제를 해결해야 했기 때문에 일찍이 조그마한 재즈 카페를 운영하게 되었습니다. 음악을 좋아했기 때문에 좋아하는 음악을 자신도 듣고 손님에게도 들려주는 업을 택한 것이죠.

그런 가운데 30살이던 어느 봄날, 그는 어릴 때부터 응원하던 프로야구팀의 개막전 경기를 보러 갔습니다. 1번 타자인 미국인 용병선수가 투수의 초구를 쳐서 좌중간 2루타를 날렸습니다. 그런데 하루키는 운동장에 울려 퍼지는 그 방망이 소리를 들으면서 또 공이 그리는 멋진 곡선을 보면서 뜬금없이 이런 생각이 들었다고 합니다. '그래. 나도 소설을 쓸 수 있을지도 몰라.'

하루키는 경기가 끝나고 서점에 들러 원고지와 만년필을 샀고 그날부터 운영하던 가게 일을 마치면 밤늦은 시간 주방 식탁 앞에 앉아 소설을 쓰기 시작했습니다. 그리고 6개월 후 200자 원고지 400매 남

짓한 그의 첫 소설 『바람의 노래를 들어라(윤성원 역, 문학사상, 2006.)』를 완성했습니다.

국어 교사 부부의 아들로 어렸을 때부터 책을 좋아했고 대학에서 연극을 전공한 하루키의 무의식 속에는 '작가가 되고 싶다'는 생각이 있었을지도 모릅니다. 다만 하루키의 기억 속에서 소설가가 되겠다는 정확한 목표 의식이 생겼던 순간은 재즈 카페를 운영하던 어느 날 야구장에서였습니다.

세계적인 IT기업 '애플'의 창업자 스티브 잡스(1955-2011)의 삶을 보아도 비슷한 무언가를 발견할 수 있습니다. 그는 대학을 중퇴하고 디자인 수업을 청강하면서 인간과 예술의 관계에 대한 호기심을 갖고 지적인 탐구를 했고 이 경험은 10년 후 매킨토시를 만들 때 컴퓨터에도 아름다운 글꼴을 구현할 수 있다는 믿음을 갖게 만들었습니다. 하루키와 잡스의 공통점은 바로 **경험과 우연이라는 귀납적인 과정을 통해 꿈을 갖게 되었고 또 이루어갔다는 점입니다.**

하루키와 잡스의 사례는 낭만적이고 드라마틱한 느낌을 주기에 우리 아이에게는 해당 사항이 없다고 생각할지도 모릅니다. 심지어 그건 아이를 방치하는 게 아니냐고 할 수도 있습니다. 왜 그런 생각이 들까요? 이들의 스토리에는 부모의 개입이 등장하지 않기 때문입니다. 그리고 우리 부모들은 자녀의 진로에 자신이 무언가로든 개입해야만 부모의 역할을 제대로 하는 거라고 생각하기 때문입니다.

그러나 우리 아이들의 꿈도 하루키나 잡스와 다르지 않습니다. 인생길을 걸으면서 예기치 않은 우연한 상황에 마음속에서 솟아나는 어떤 꿈을 갖게 될 것입니다. 그때 부모는 그 꿈을 반대하거나 실망하거나 수정하려는 존재가 아니라 독려하고 후원하는 후견인이 되어야 할 것입니다.

아이가 성적이 뛰어나면 아무 맥락도 없이 "의대를 가야지"라고 권유하는 게 아이를 위한 일일까요? 재즈카페를 운영하겠다고 할 때는 카페 운영을 후원하고, 작가가 되겠다고 할 때는 작가의 길을 후원하고, 스타트업을 하겠다고 하면 창업의 길을 후원하는 게 자녀를 위한 부모의 역할이 아닐까요?

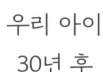

우리 아이
30년 후

동서고금을 막론하고 부모는 대체로 자신이 사는 시대에 좋다고 여겨지는 직업을 자녀에게 안내합니다. 혹은 과거에 자신이 하고 싶었지만 놓쳤던 일을 자녀가 해주기를 바라는 경우도 많습니다. 그러니 대체로 '현재와 과거를 기준으로' 아이에게 미래를 이야기하는 셈입니다.

이런 부모의 권유는 20세기까지는 대체로 바람직하다고 할 수 있었습니다만, 문제는 지금이 인류 역사상 가장 **빠르게** 변모해 가는 시대라는 점입니다. 역사학자이자 미래학자인 유발 하라리는 "지금 학교에서 배우는 것의 80~90%는 아이들이 40대가 되었을 때 필요 없는 지식이 될 가능성이 크다"[17]라고 경고했습니다.

아이가 가장 왕성하게 사회생활을 하는 시점을 30년 후라고 가정해 보겠습니다. 그리고 우리의 30년 전을 돌아보겠습니다. 게임 산업이 이렇게 각광받을 줄 알았다면 일찍이 관련 비전을 가지면 좋았을 겁니다. 하지만 30년 전 게임 개발을 좋은 진로라고 생각했던 사람은 거의 없었습니다. 우리가 매일 시청하는 유튜브 채널의 크리에이터들이 활발히 활동하기 시작한 시점도 5년이 채 되지 않습니다.

게다가 아이들은 부모보다 훨씬 더 빠르게 진화하는 시대를 살고 있습니다. 지금의 잣대를 가지고 아이에게 "너는 커서 어떤 직업을 갖는 게 좋겠다"고 이야기하는 것이 실책이 될 확률이 높다는 겁니다.

부모는 합리성을 가지고 아이들보다 미래를 내다보려 노력할 수 있지만 아이들만큼 상상하고 꿈꿀 수는 없습니다. 아이들에게 미래에는 어떤 직업이 유망하다는 것을 이야기할 게 아니라 **'시대가 요구하는 역량'을 이야기하고 그것과 연결된 여러 체험을 제공해야 옳습니다.**

하라리는 시대가 요구하는 역량에 대해서도 알려줍니다. 첫째, 지식을 암기하는 것보다 정보를 해독하는 능력입니다. 둘째, 수많은 데이터 가운데 중요한 것과 그렇지 않은 것을 구별하는 능력입니다. 셋째, 중요하다고 판단한 정보의 조각들을 모아서 큰 그림을 그릴 수 있는 능력입니다.

그리고 하라리는 1020년 송나라 사람들이 1050년을 예측하는 것과 2020년의 현대인이 2050년을 예측하는 것과는 완전한 차이가 있다고도 했습니다.

그렇다면 이런 생각을 해보도록 하죠. 30년 후에 지금 대학의 서열이 그대로 유지될까요? 대학 내에서도 이미 메타버스 교육을 실험하고 있습니다만 대학이라는 유형의 건물이 그때도 그대로의 중요도를 가질까요? 대학을 졸업했다는 증명서(졸업장)가 여전히 필수적인 시대일까요? AI로 많은 것을 할 수 있는 시대에 의사나 변호사가 여전히 각광받는 직업으로서의 위치를 유지할 수 있을까요? 정년까지 직업적 안정성을 제공하는 '정규직'이 여전히 '계약직'보다 비교 우위에 있을까요?

이런 질문에 우리가 정확히 답을 할 수 없다면 아이들의 미래 직업에 대해서도 부모가 나서서 안내할 필요는 없다고 생각합니다. 디지털 문명도 아이들이 우리보다 더 잘 알고 시대의 변화도 아이들이 우리보다 더 잘 체감하기에 유망한 진로에 대한 감각도 결국 아이들이 더 잘 느낄 수 있을 테니까요. 결국 양육자는 아이가 미래를 살아가기 위해 필요한 역량을 키우는 데만 관심을 기울이면 됩니다.

봉사 활동은
어떻게 해야 할까요?

아이들이 자라면서 접하게 되는 비교과 활동 가운데 봉사 활동이 있습니다. 학교에서 권장하는 대로 아이들이 실천하고 그 결과를 제출하면 학교생활기록부에 기록됩니다. 그리고 이 자료가 상급 학교의 입학에서 나름 의미 있는 근거 자료로 쓰입니다.

자기소개서에 이 활동에 대해 적는 란이 있고 면접 때도 "당신은 사회를 위해서 어떤 기여를 한 경험이 있나요?"라고 묻습니다. 대학을 졸업한 후에도 입사 과정에서 또다시 물어봅니다. 그러니 우리 사회가 필요로 하는 인재의 자질 가운데 봉사의 경험과 정신이 상당히 중요하다고 할 수 있습니다. 이와 관련해서 제가 경험한 두 가지를 말씀드리겠습니다.

앞서 언급했지만 저는 매년 사설 학원의 모의 면접에 참여해 왔습니다. 그런데 어디서나 공통적으로 보이는 흥미로운 현상이 있는데, 다른 질문들에는 더없이 똑똑하게 대답하는 아이들도 봉사와 관련해서는 눈을 피하거나 말을 흐리는 경향이 있다는 점입니다. 왜 그럴까요?

조별 모의 면접이 끝난 후 학생들을 한데 모아놓고 총평을 하는 시간이 있는데요. 편한 분위기에서 학생들과 솔직히 이야기를 나누어보면 그 이유를 알 수 있습니다. 학생들은 봉사에 대해 진지하게 생각해 본 바가 별로 없고 그저 입시에 필요하다고 하니까 했을 뿐이기 때문입니다. 타율적인 활동이라는 말이죠. 그러니 평소 봉사에 대해 고민해 본 적이 없는 사람이 봉사에 대해서 무언가 그럴듯한 이야기를 하려는 순간 대답의 진실성이나 깊이가 떨어지는 건 당연합니다.

이제 다른 경험입니다. 제가 활동해 왔던 한 단체는 비영리 단체로 행정안전부에서 만든 '1365 자원봉사포털' 사이트에 '봉사 활동 공식 수요처'로 등록되어 있습니다. 수요처가 공익 활동 수행 시 이 사이트에 정보를 올리고 학생들이 검색하다가 관심을 보여서 신청하면 매칭이 이루어집니다. 이후 학생들의 활동 내용과 증빙 사진을 제출하면 이들은 공식적으로 봉사 시간을 인정받게 됩니다. 보통 반나절 일하면 4시간, 종일 일하면 8시간을 부여합니다.

그런데 1365는 중고생만을 위한 사이트가 아니라 성인에게도 열려 있습니다. 청소년 독서 캠프를 개최할 때는 성인들을 자원 봉사로 모집하기도 합니다. 물론 그분들은 이력을 위해 필요해서가 아니라 실제로 봉사하기 위해 그 사이트를 검색해서 들어온 분들이죠.

1365사이트에 타율적으로 들어왔냐 자율적으로 들어왔냐의 차이는 실제 봉사 활동 수행 과정에서 선명하게 드러납니다. 학생들은 대체로 편하게 봉사 시간을 얻을 수 있는 곳을 찾는 경향이 있는 반면 성인은 봉사의 자세를 갖추었기 때문에 편한 곳보다 보람을 중시합니다. 그들은 '스스로 즐겁기 위해서' 봉사 활동을 합니다.

그 때문인지 학생들에게 봉사 활동에서 무엇을 느꼈냐고 물어보면 대체로 이런 이야기를 합니다. "힘들었지만 봉사를 통해서 보람을 느꼈다.""사회에는 이렇게 힘든 분들도 있다는 걸 알게 되었다." 하지만 그 봉사를 통해 "내가 즐겁고 행복했다"는 이야기를 하는 경우는 거의 없습니다. 반면 자율적인 봉사 활동을 하는 이들은 예외 없이 "내가 즐겁고 행복했다"는 이야기를 합니다. 그것이 봉사에 참여하는 이유이기 때문입니다.

그러면 아이들이 봉사 활동을 제대로 수행하기 위해서 부모는 어떤 역할을 해야 할까요? 답은 간단합니다. 부모가 봉사 활동에 대한 마인드를 갖는 것입니다. 그리고 이것을 위한 가장 좋은 방법은 부모도 봉사 활동에 참여하는 것입니다.

앞으로 아이가 봉사 활동 점수가 필요해서 1365사이트를 방문할 때 부모도 비슷한 시기에 봉사 활동에 참여하는 경험을 공유하면 좋겠습니다. 그리고 아이와 서로의 봉사 활동에 대한 이야기를 나누어 보십시오.

일하고 양육까지 하는 부모들에게 이건 좀 가혹한 요청일지 모르겠습니다. 그러나 4시간이든 8시간이든 정말 단 한 번의 경험이라도 아이와 이 과정을 수행한 부모라면 그 자녀는 면접장에서 더 당당하게 봉사 활동에 대한 이야기를 할 수 있을 것입니다. "저는 어릴 때부터 부모님과 함께 봉사 활동을 수행해 왔습니다"라는 이야기를 면접장에서 할 수 있다면 상상만 해도 멋진 모습이 아닐까요.

요즘 우리 사회의 많은 사람이 '어떻게 하면 남들에 비해 손해를 입지 않고 살아갈까'라는 피해 의식 속에서 살고 있습니다. 하지만 OECD BLI^{Better Life Index}(더 나은 삶 지수)에서는 '사회적 관계^{Social Connection}'가, 그리고 UN에서 발행하는 세계행복보고서^{World Happiness Report}에서는 '관대함^{generosity}'이 주요 측정 영역입니다. 여기서는 시민의 봉사 활동이나 기부금의 총량 등이 수치로 활용됩니다. 다시 말해 **우리의 삶의 질이 높아지고 더 행복해지기 위해서는 봉사가 필요하다는 것이죠.**

부모가 조금만 신경 쓰면 아이들은 회사에 취업할 때까지 거짓된 가면을 쓰지 않아도 됩니다. 비싼 학원의 컨설팅을 통해 자기소개서를 어떻게 쓰고 면접장에서 어떻게 말해야 점수를 얻을 수 있다는 이야기를 듣는 아이가 아니라, 실제로 봉사의 경험과 그 과정에서 느꼈던 점을 솔직하게 이야기할 수 있는 사람이 되면 오히려 면접장에서 빛나는 아이가 될 수 있습니다.

우리 아이가 사회를 위해 기여한 경험과 함께 그때 무엇을 느꼈는지, 그를 토대로 앞으로 어떻게 살아갈지 멋지게 이야기할 수 있는 청년으로 성장하기를 바랍니다.

부모를 위한 인문 고전의 문장들

▷ 모두가 가야 할 길은 존재하지 않는다. -프리드리히 니체

_____

_____

자녀에게 남들이 좋다고들 하는 길을 무턱대고 안내하지 마십시오. 자녀를 지켜보면서 원하는 일, 재능을 보이는 일을 발견하고 이끌어주십시오.

▷ 지금 학교에서 배우는 것의 80~90%는
아이들이 40대가 되었을 때 필요 없는 지식이 될 가능성이 크다. -유발 하라리

_____

_____

부모는 아이들이 살아갈 세상을 잘 모릅니다. 자녀의 진로를 마음대로 정하지 않기를 바랍니다.

▷ 실제로 해보기 전에
무엇을 어떻게 하게 될지 어떻게 알 수 있단 말인가? - J.D. 샐린저

_____

_____

아이를 미리 판단하지 마십시오. 어떤 분야에서 천재성을 보인다고 해도 능력을 발휘하지 못할 수도 있고, 재능이 부족해 보여도 오히려 의미 있는 성과를 얻을 수도 있습니다.

자녀를 위한 인문 고전의 문장들

▷ 길은 가까운 데 있는데 먼 데서 구하고
   일은 쉬운 데 있는데 어려운 데서 구한다. - 맹자

자녀가 힘든 일을 당해 부모에게 도움을 청하면 쉬운 것부터 하나씩 풀어주십시오.
자녀는 삶이 그렇게 힘들지만은 않다는 것을 알게 될 것입니다.

▷ 3명의 사람이 길을 갈 때 그중 반드시 나의 스승이 있다. - 공자

공자는 선한 사람을 보면 배우고 악한 사람을 보면 스스로 고치라고 조언했습니다.

▷ 산 아홉 길을 만드는 데 공이 한 삼태기 때문에 무너진다. - 『서경』

'용두사미'라는 말이 있고 '유시유종'이라는 말도 있습니다. 마지막 한 줌이 부족해
서 공든 탑이 무너질 수도 있습니다. 힘에 부쳐도 아이에게 마지막까지 최선을 다하
라고 독려해 주십시오.

4장

아이를 위한
현명한 교육관

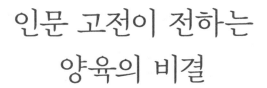

인문 고전이 전하는
양육의 비결

『에밀』이 전하는
양육의 십계명

사회계약론으로 알려진 18세기 프랑스 사상가 장 자크 루소(1712-1778)는 『에밀』을 써서 교육학 분야에도 발자취를 남겼습니다.

이 책에서 루소는 '에밀'이라는 가상의 아이를 등장시키고 스스로 후견인이 되어 자신의 교육론을 펼치고 있습니다. 목차는 나이대별로 나누어져 있는데 이 가운데 〈5살에서 12살까지〉 챕터에서 보이는 양육관 10가지를 소개하겠습니다.

1. 미각을 단순하게 유지시켜라

루소는 다른 감각(시각·청각·후각·촉각)에 비해 미각이 더 직접적으로 우리에게 영향을 미친다고 생각했습니다. 왜냐하면 미각의 대상인 음식은 우리 내부로 들어와 신체의 구성물이 되기 때문입니다. 그리고 아이가 '편협하게' 어떤 맛에 물들게 되면 그 방향으로 미각이 발달하게 된다면서 이렇게 말합니다.

"어떤 나라에도 속해 있지 않은 사람은 모든 나라의 관습에 적응하지만, 이미 한 나라에 속해 있는 사람은 다른 나라의 국민이 되기 어렵다."[18]

아이들이 다양한 미각의 세계를 경험할 수 있도록 안내하는 게 좋다고 생각합니다. 또 유년기에는 되도록 자연 그대로의 단순한 맛을 느끼게 할 필요도 있겠죠.

2. 원한다고 다 사주지 말라

"아이를 불행하게 만드는 확실한 방법이 있다. 갖고 싶은 것을 무엇이든 갖게 하라. 욕망은 날로 증대할 것이고, (사주지 않으면) 원하는 것을 갖지 못하는 고통보다 당신의 거절 때문에 아이는 더 고통스러울 것이다."

원하는 걸 계속 사주게 되면 아이의 욕망이 계속 커진다고 합니다. 그럼 나중에 부모가 거절할 때 아이는 충격을 받는다는 거죠.

3. 잘 놀게 하자

루소는 유년기에 아이들을 최대한 놀게끔 하자고 제안했습니다. 특히 자연 속에서 뛰어노는 일을 무엇보다 가치 있는 교육이라고 생각했지요. 그리고 아이에게 무엇을 가르쳐야 한다고 조급해하는 부모들에게 **"아이의 어린 시절을 낭비하도록 하라. 아이는 그것으로 더 많은 시간을 벌게 될 것이다"**라고 했습니다.

물론 18세기의 프랑스와 달리 21세기의 대한민국 어린이들은 마냥 놀 수는 없습니다. 루소도 지금 우리나라에서 살고 있다면 분명 다른 이야기를 했을 겁니다. 하지만 유년기의 놀이가 공부 못지않게 중요한 양육 과정이라는 점은 분명합니다.

4. 조급하지 말고 기다리자

다른 아이에 비해 말이나 숫자를 배우는 속도가 늦으면 부모는 불안해집니다. 그런데 어른이 안내하는 세계에 좀 더 빨리 들어오는 아이가 있고 서서히 들어오는 아이가 있습니다. 어차피 들어올 세계라면 좀 미적댄다고 조급하게 다그치지 마십시오. 아이가 스스로를 계발하는 데 오히려 방해가 될 수 있습니다. 루소는 이렇게 말했습니다.

"자연의 움직임이 그를 드러낼 때까지 손대지 말라. 당신은 시간을 아껴야 하므로 서둘러야 한다고 말할지도 모르겠다. 하지만 시간을 잘못 사용하면 아무것도 하지 않는 것보다 더 많은 시간을 잃는다는 것을 당신은 모르고 있다."

5. 자유를 규제할 때는 원칙을 가져라

그렇다고 루소가 아이를 그냥 내버려두라고 했을까요? 그럴 리가 없습니다. 교육의 관건은 아이의 자유를 어떻게 규제하는가에 있다고 했습니다.

"아이들을 제대로 가르치려면 오로지 단 하나, 자유를 잘 규제하기만 하면 된다. 할 수 있는 일과 할 수 없는 일, 이 두 영역을 확장하거나 축소하면서 아이를 가르쳐라. 밀든 당기든 이 필연의 끈을 통해서 제어하면 아이는 불평을 늘어놓지 않을 것이다."

제 아이로 예를 들면, 요즘 호야는 '브롤스타즈' 게임에 빠져 있습니다. 이 게임을 할 수 있는 날은 주말에 1일 2회(30분씩)로 제한됩니다. 무언가 하기로 한 일을 제대로 하지 않을 때는 1회로 줄어들기도 합니다. 게임을 할 아이의 선택과 자유를 존중하되 규제의 원칙을 세워둔 것입니다. 이렇게 가능한 것과 가능하지 않은 것의 기준을 세워놓아야 아이의 불평을 피할 수 있습니다. 아이와의 밀당에도 원칙이 있어야 한다는 말이죠.

6. 배움의 즐거움을 가르쳐라

루소는 배움의 즐거움이 '자유(자기주도성)'에 달려 있다고 했습니다.

"행복은 자유에 달려 있다. 자유로운 사람은 자신이 할 수 있고, 하고 싶은 일만 한다. 이것이 교육에 접목되어야 할 핵심이다."

자유로운 사람은 자신이 할 수 있으면서 하고 싶은 일을 하게 마련입니다. 그리고 그 일이 공부가 되려면 '하고 싶은 마음'이 있어야 합니다. 『논어』에도 "아는 사람은 좋아하는 사람을, 좋아하는 사람은 즐기는 사람을 이길 수 없다知之者 不如好之者 好之者 不如樂之者"는 말이 있습니다. 부모의 바람이나 강요에 의한 공부는 지속 가능하지 않습니다.

7. 행복하기를 지금부터 연습하라

사실 이 조언은 부모들에게 더 필요한지도 모릅니다. 육아의 과정에서 우리가 아이에게 늘 늘어놓는 말은 "나중에"입니다. 하지만 어린 시절은 인생길 가운데 그 나름의 독립된 지위를 갖고 있습니다.

"앞날에 대한 생각이 우리를 불행으로 이끈다. 불확실한 미래를 전망하면서 현재를 소홀히 한다는 것은 얼마나 미친 짓인가! 이 증상은 나이를 먹으면서 더욱 커진다. … 미래의 행복을 위한다는 미명하에 자행되는 현재의 불행 만들기라니! 어처구니없는 일이다."

이런 어이없는 일을 해서는 안 되겠죠. 교육 과정에서 아이에게 인내심을 요구한다고 하더라도 그것이 나중의 행복을 위해 지금을 희생하는 시간으로 규정해서는 결코 안 된다고 루소는 조언합니다.

8. 타고난 본성에 주목하라

루소는 '자연'의 의미를 '변질이 일어나기 전 최초의 성향'이라고 규정했습니다. 자녀마다 갖고 있는 최초의 성향이 있을 겁니다. 부모는 아이에 대해 어떤 바람을 갖기 전에 먼저 그 아이의 성향을 파악해야 합니다.

"변질되기 이전의 최초 성향에 모든 것을 조화하는 것만이 진정한 교육이다."

9. 거짓말을 유도하지 말라

아이에게 하는 흔한 멘트 중 하나가 이렇습니다. "엄마(아빠)가 거짓말하는 거 제일 싫어하는 거 알지?" 그런데 이 '거짓말'이라는 주제는 부모에게 좀 더 생각할 거리를 안겨줍니다. 루소의 이야기를 들어보죠.

"아이에게 진실을 말하라고 윽박지르는 것은 거짓말을 하라고 가르치는 것과 다를 바 없다. 선생들은 빈약한 교훈을 근거 삼아 아이들의 정신을 장악하는 데만 골몰한다. 그들은 아이가 무지하지만 정직할 것보다, 교훈을 알면서도 거짓말하는 편을 더 좋아한다."

양육 과정에서 아이가 해야 할 일에 대한 부담을 느끼게 되면 부모에게 거짓말을 하기 시작합니다. 대표적으로 공부와 관련된 것입니다. 비슷한 건데 스마트폰 사용 시간(혹은 게임하는 시간)과도 관련됩니다. 거짓말 횟수가 점차 늘어나고 부모와의 갈등이 지속됩니다. 본래는 거짓말할 아이가 아닌데 말이죠.

이럴 때는 아이가 받아들이는 상황에 맞게 해야 할 일을 조절할 필요가 있습니다. 아이가 굳이 거짓말할 필요가 없을 만큼의 학습량을 부여하는 편이 나을 겁니다. 부모가 머릿속으로 '이 정도는 해야 해, 다 너를 위한 거니까 네가 해내야 해'라고 생각하는 건 아이의 상황을 고려하고 있지 않은 일방적인 태도입니다.

이 책에서 누누이 강조하고 있지만, 아이는 그런 부모의 바람을 충족시키기 위해서 살아가는 존재가 아닙니다. 부모와 자녀 사이에 거짓말이 필요하지 않도록 양육하지 않으면 아이들은 부모를 속이거나 피하고 싶은 대상 혹은 나를 혼낼 것이라는 두려움의 대상으로 변질될 것입니다.

10. 아이의 친구가 되라

루소는 부모가 이웃의 선생이 되지 못한다면 아이의 선생 역시 되지 못할 것이라고 이야기했습니다. 즉 인격적으로 부족한 부모는 아이에게도 부족한 양육자일 수밖에 없다는 말입니다. 그러니 훌륭한 양육자가 되기란 얼마나 어려운 일이겠습니까. 하지만 루소는 부족한 우리 부모들을 위해 다음의 조언을 덧붙였습니다.

"부모인 당신이 아이의 교사로서의 역할을 하지 못한다면 친구라도 되어주어야 한다."

아이의 친구가 되어주면 부모로서 최소한의 역할은 하는 겁니다. 더구나 요즘은 형제나 자매, 남매가 없는 집도 많으니까요.

저도 이 자세로 살아가고 있습니다. 피곤해도 아이가 보드게임 하자고 하면 해야 하고, 야구하러 나가자면 나가야 합니다. 그러다 보니 호야가 저를 때로는 (친구처럼) 만만하게 대해서 선을 넘을 때도 있지만 어쩌겠습니까. 언제쯤 엄마, 아빠에게 존댓말을 쓰게 될지는 아직 상상할 수 없습니다.

단단한 어른으로 성장하기 위한
니체의 6가지 조언

지난 10년 동안 독서인들에게 가장 관심을 끈 철학자를 꼽으라면 아마 프리드리히 니체일 겁니다. 그가 전하는 메시지가 어떤 울림이 있기에 그랬을까요?

니체를 이해하는 여러 관점이 있겠지만 제가 보기에 그는 철학자라기보다 심리학자에 가깝습니다. 체계적인 이론을 남기기보다 사람의 여러 감정을 관찰하면서 그 감정의 원인을 섬세하게 추적했거든요. 그래서 니체의 저서를 읽다 보면 공감하는 대목을 여럿 발견할 수 있습니다. 부모의 심리에 대해서 니체는 이렇게 말했습니다.

"자녀에 대한 사랑과 자녀에 대한 소유욕의 뿌리는 같다."[19]

우리는 자녀가 '어떤 사람'이 되기를 바라는 마음이 있습니다. 그런데 "아이를 통한 대리 만족"이라는 말을 들어보셨겠죠. 아이가 잘되기를 바란다고는 하지만 실은 부모 스스로의 만족을 위한 노력일 수도 있습니다. 그래서 니체는 이렇게도 말했습니다. "부모는 자녀를 사랑한다고 하지만 실은 자녀 속에 있는 자신을 사랑한다." 그래서 친구의 자녀들이 성공하면 표면상으로는 축하해 주지만 속으론 친구인 그 아이의 부모를 질투하고 사이가 소원해지곤 한다는 거죠.

부모가 사랑이라는 이름으로 자녀에게 몹쓸 행동을 하는 것도 이 심리 때문이 아닐까요? 다른 아이들과 열심히 비교하다 보니 호기심의 대상이어야 할 배움을 경쟁의 장으로 전락시키기도 합니다. 심지어 요즘은 그 경쟁에서 이기기 위해서라면 입시 비리 등 불의와 부정은 눈감아줄 수 있다는 것까지 가르치고 있는 실정입니다. 우리는 이런 질문을 늘 해보아야 합니다. "혹시 나는 아이 속에 있는 나를 사랑하는 것은 아닐까?"

아이들에게 들려줄 이야기도 많습니다. 니체는 '단단한 삶'을 위한 조언들을 해주고 있습니다. 다음 6가지 메시지를 아이들에게 들려주세요.

1. "남을 사랑하기 전에 너 스스로를 먼저 사랑해!"

요즘처럼 손해를 입지 않으려는 세상에서 니체의 이 메시지는 의아하게 다가올 수도 있습니다. 그런데 잘 생각해 보십시오. 표면적으로 이기적일 뿐 자기 스스로를 정말 사랑하는 사람이 얼마나 될까요?

니체는 자신을 사랑할 줄 아는 사람이 남을 사랑할 수 있다고 말했습니다. 다시 말해 '자신을 사랑하지 못하는 사람이 남을 정말 사랑할수 있을까?'라는 의구심이 있었습니다. 유학儒學에서도 비슷한 이야기가 있습니다. 자신이 바로 서야 남을 서게 할 수 있다고요. 남에게 관대하지 못하고 팍팍하게 대하는 사람들은 실상 내적으로는 자신을 폄훼하고 자학하는 사람일 가능성이 높습니다.

우리는 이기적임에도 아이들을 교육할 때는 다른 얼굴이 되어서남을 배려하라고 말하곤 합니다. 주변에 대한 배려, 정말 중요하죠. 그런데 우리 아이들은 이것과 함께 '자신을 진정으로 사랑하는 법'도 배워나가야 합니다.

2. "잘 놀아야 창조할 수 있단다."

창의력 있는 아이로 다들 키우고 싶으시죠? 니체는 이 예술적 창의력을 위해 우리의 '몸'에 대해 이야기했습니다.

그런데 몸이라는 게 시각·청각·후각·촉각·미각 등 여러 감각이 있는 곳이잖아요? 어렸을 때부터 이런 다양한 감각을 자극할 수 있는 체험이 중요합니다. 이렇게 자극된 감각을 통해서 아이는 새로운 정서를 갖게 되고 나아가 새로운 발상을 떠올리게 되거든요.

니체 이전의 철학자들은 대체로 우리의 이성이 더 중요하고, 감정은 오히려 이성이 제압해야 하는 것으로 생각하곤 했습니다. 하지만니체는 몸의 감각을 통해 얻게 된 감정들이 실상 우리의 삶이고 이성은 이것들을 정제해 표현하는 부차적인 기능에 불과하다는 생각을 가졌습니다.

한편 이렇게 몸의 철학자인 니체는 '재미'가 없는 모든 것을 싫어했습니다. 아무리 좋은 취지라도 재미와 즐거움이 없으면 활력이 사라지거든요. 『논어』에도 "즐기는 자를 이길 수는 없다"는 말이 있습니다. 재미와 즐거움이 살아 있을 때 우리는 새로운 것을 떠올리고 만들어내는 힘을 얻습니다.

우리 아이들이 잘 놀 수 있는 환경을 늘 제공해 주십시오. 그러면서 동시에 배움을 통해서 얻는 재미와 즐거움을 체험할 수 있도록 안내해야겠죠.

3. "약점을 없앨 수 없다면 활용하는 법을 배워."

아이를 키우다 보면 장점과 단점이 드러나게 되는데 이중 단점은 유난히 커 보이기도 합니다. 그럴 때 부모들은 흔히 자녀의 단점을 어떻게 없앨 수 있을까를 고민하게 됩니다.

그런데 없앨 수 있는 단점이 있고 그렇지 않은 단점이 있습니다. 예를 들어, 제 아이는 평발이라 달리기에서 취약한 면이 있습니다. 병원에서 맞춘 깔창을 하고 다니기는 하지만 어느 날 평발이 없어지는 건 아니죠. 그렇다고 꼭 위축될 필요는 없습니다. 달리기를 활용한 운동만 있는 건 아니기에 아이는 야구에 흥미를 느껴서 즐기고 있고 또 탁구나 배드민턴도 꽤 잘하는 축입니다.

성격적인 면도 전부 바꾸려 하기보다는 그런 성격을 활용하는 방법을 안내하는 것이 좋습니다. 니체는 베토벤과 바그너의 음악을 예로 들어 이렇게 말했습니다.

"우리가 약점을 가질 수밖에 없다면 자신의 약점을 통해 나의 장점을 두드러지게 할 줄 알아야 한다. 위대한 예술가들은 그런 힘을 갖고 있었다. 베토벤의 음악에는 거칠고 완고하며 초조한 음색이 있다. 바그너에게는 아무리 참을성이 많은 사람이라도 좋은 기분이 금방이라도 사라질 것 같은 불안이 있다. 그러나 그들은 그 약점을 통해 우리가 그들의 음악을 갈망하게 만들었다."

거짓말을 하는 아이거나 물을 낭비하는 아이라면 그러지 않도록 노력할 필요가 있습니다. 하지만 굳이 바꿀 필요가 없거나 바꿀 수 없는 부분이 있다면 그것 때문에 고민하고 힘들어하기보다 그런 것들을 오히려 장점으로 나아가게 할 수 있도록 이끄는 것도 부모의 중요한 역할일 겁니다. 자녀가 갖고 있는 요소를 확 바꾸어버린다고 생각하기보다는 그 단점을 장점과 함께 긍정적인 방향으로 활용할 수 있을지를 고민하는 편이 낫습니다.

4. "과거를 사랑하자."

흔히 아이들을 보며 미래를 이야기합니다. 어차피 아이들의 과거는 짧고 기억이 나는 시기도 5살부터라고 합니다. 하지만 시간이 지날수록 아이들의 과거는 점차 길어지죠.

니체는 자신의 과거를 피하지 말라고 조언했습니다. 기억하기 싫은 일들이나 나빴던 일들은 곧 과거가 되어서 우리를 따라다닙니다. 니체는 그 나빴던 기억도 피하지 말고 그것을 자신을 위해 활용하는 법을 배우라고 조언합니다.

사실 내일은 아직 오지 않았고 지금은 우리가 숨 쉬고 있기에 우리가 행복을 느끼거나 불행을 느끼는 이유는 과거에 대한 태도 때문입니다. 좋았던 기억이 나빴던 기억보다 많은 것이 중요한 게 아닙니다. 아무리 나빴던 기억이 많더라도 그것마저 사랑할 수 있는 힘, 그리고 그것을 활용해서 세상을 더 멋지게 살아갈 수 있는 힘을 가진 단단한 아이로 성장할 수 있다면 얼마나 좋을까요.

5. "슬픔 없는 기쁨은 없단다."

이런 이야기는 초등학교 고학년 정도 되면 조금씩 이해할 수 있을 것 같습니다. "힘들 때가 지나가면 좋은 날도 올 거야"와 같은 이야기가 아닙니다. 니체의 표현을 빌면, 여름과 겨울은 전혀 다른 것 같지만 단순히 기온의 차이가 있을 뿐 서로 대립하지 않습니다. 마찬가지로 슬픔과 기쁨은 전혀 다른 감정 같지만 같은 끈에 놓여 있는 이러저러한 상황일 뿐입니다.

그러니 아이가 슬퍼할 때 격려하되, 슬픔이 있어야 기쁨의 가치를 알 수 있다는 것도 가르쳐주면 좋습니다. 그리고 기쁨만 지속되면 그게 기쁨인지도 제대로 알지 못하게 된다는 것도 알려주면 좋습니다. 또 밤이 지나면 낮이 오는 것처럼, 슬픔과 기쁨이라는 감정도 사실 연결되어 있음을 알려준다면 아이는 쉽게 이해할 수 없을지 몰라도 인생이 어떤 건지에 대해 조금씩 알아가고 긍정적인 태도를 만들어가는데 도움을 얻게 될 것입니다.

6. "훌륭한 경쟁자를 만나자."

우리 부모들도 그랬던 것처럼 아이 역시 커 가면서 불편한 사람들을 만나게 될 것입니다. 물론 피하면 될 일이지만 그럼에도 피할 수 없는 상황과 사람이 있습니다. 매일 보는 같은 반 친구일 수도 있고 나중에는 직장 동료거나 상관일 수도 있습니다.

니체는 "차라리 훌륭한 적을 만나라"라고 했습니다. '피할 수 없다면'이 아닙니다. 좋은 사람들만 만나는 건 이상일 뿐 어차피 삶이라는 게 적이 생기는 걸 피할 수 없기 때문입니다. 니체는 자신의 경쟁자이거나 불편함을 주는 사람일지라도 그 사람에게서 배울 점이 있다면 배우는 사람이 되라고 조언합니다. 그런데 배울 것도 없고 그저 나쁜 사람이라면 어떻게 해야 할까요? 그런 사람은 투명 인간 대하듯 하면서 스쳐 지나가는 법을 배우라고 니체는 조언합니다.

인간관계 때문에 혹시 우리 아이들이 힘들어한다면 이러한 니체의 메시지를 전하면서 사람들과 함께 현명하게 살아가는 방법을 알려주면 좋겠습니다.

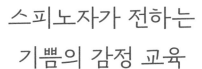

스피노자가 전하는
기쁨의 감정 교육

아이들의 정서 교육 혹은 감정 교육에 대해서 다들 관심이 많으시죠? 아이들은 성장하면서 여러 감정을 느끼게 됩니다. 그것들을 표현한 다양한 어휘를 배우면 그 감정들에 대해 더 많이 생각하게 되어 감성이 더욱 풍부해지죠. 이게 1차적인 감정 교육에 해당합니다.

거기에 더해서 부모들은 아이가 성장하면서 정서가 불안하지 않은 아이, 좀 더 차분하고 안정감이 느껴지는 아이로 키우고 싶어 합니다. 이렇게 풍부한 감성의 소유자이면서도 이 감정들을 잘 컨트롤할 수 있는 아이로 키우려면 어떻게 교육해야 할까요? 네덜란드 철학자 스피노자(1632-1677)의 조언을 잠시 들어보겠습니다.

스피노자는 우리가 갖고 있는 여러 감정을 48개로 세분화해서 서

술했습니다. 그런데 이렇게 많은 감정 가운데 원초적인 감정은 세 가지라고 했는데요. 바로 **기쁨·슬픔·욕망**입니다. 우리의 모든 정서는 이 세 가지 감정에서 생긴다는 겁니다.

우리는 매일 이 세 가지 감정 속에서 살아가고 우리의 아이들도 마찬가지입니다. 그런데 스피노자를 '기쁨의 철학자'라고 말하는 까닭은, 그는 우리가 이 가운데 기쁨을 늘리고 슬픔을 줄이는 삶을 살아가야 한다고 말했기 때문입니다.

어차피 인간은 욕망(욕심)의 동물이기 때문에 욕망 자체를 피할 수는 없습니다. 스피노자도 욕망은 인간의 본질이라고 말했습니다. 다만 우리 아이들이 이러한 욕망 가운데 살아가면서 기쁨의 정서와 슬픔의

✖ 스피노자의 감정 분류 ✖

기쁨의 정서들	슬픔의 정서들
사랑, 헌신	미움, 경멸, 조롱
선호함	싫어함
희망	걱정(두려움)
(미래에 대한) 신뢰	절망
자기만족	후회
호의	분노
공감	질투
명예	치욕

* 위의 표 내용은 『에티카(베네딕투스 데 스피노자, 강영계 역, 서광사, 2007.)』의 내용을 참조함

정서를 처리하는 기술을 점차 익힐 필요가 있습니다. 이제 스피노자가 감정을 구분하는 기본 틀을 알았으니 몇 가지 감정에 대해 이야기하겠습니다.

기쁨에 해당하는 정서들은 어떤 게 있을까요? 먼저 사랑이 떠오릅니다. 부모는 아이의 해맑은 모습을 보며 **사랑**을 느끼고 기뻐합니다. 한편 **미움**은 사랑의 반대로 슬픔의 정서이죠. 그렇다면 우리는 매일 누군가를 되도록 사랑하는 감정을 키우고 미워하는 감정을 줄이는 습관을 들일 필요가 있습니다.

부모의 감정은 어떤가요? 부모는 아이를 미워하지 않습니다. 잠깐 미워할 수 있지만 부모는 아이를 영원히 사랑할 수밖에 없는 존재입니다. 그런데 스피노자는 우리가 '경탄하는 대상'을 사랑할 때 '**헌신**하겠다'는 감정이 생긴다고 했습니다. 아이가 태어날 때 경탄하지 않은 부모가 있나요? 부모가 자녀를 위해 희생하면서도 기뻐할 수 있는 건 우리의 아이들이 부모에게는 경탄의 대상이기 때문입니다.

하지만 아이가 부모를 바라보는 시각은 다릅니다. 우리 부모들도 각자의 부모님을 겪어보아서 알지만 적지 않은 자녀가 부모를 미워하기도 합니다. 즉 우리도 양육 과정에서 아이에게 미움의 대상이 될 수 있다는 말입니다. 그렇게 애썼는데 미움의 대상이 된다는 건 슬픔의 정서를 일으킵니다. 그러니 양육 과정에서 아이의 미움을 받더라도 종국에는 아이가 부모를 이해하고 사랑할 수 있는 길을 가야 현명한 양육일 겁니다.

제 사례를 잠깐 들어보겠습니다. 호야는 생선을 육고기에 비해 선호하지 않는 경향이 있습니다. 식탁에서 생선을 보면 불만에 아이의 입이 조금 나오죠. 스피노자도 말했듯이 이렇게 우리는 무언가 '선호하는 대상'을 보면 기쁨을 느끼고 상대적으로 '싫어하는 대상'을 보면 슬픔을 느낍니다. 그렇다면 아이의 기쁨을 늘리기 위해 선호하는 대상만을 접하게 할까요? 아이들은 아직 경험이 부족하다는 점을 감안해야 할 것 같습니다. 선호하지 않는 음식도 그 맛을 경험해 가다보면 오히려 기쁨의 대상으로 변모할 수 있거든요.

인간관계도 생각해 볼게요. 기쁨을 늘리기 위해서는 되도록 좋아하는 사람들과 만나고 싫어하는 사람은 멀리해도 괜찮습니다. 하지만 다소 불편했던 관계라 하더라도 나중에 친해지는 경우도 얼마든지 많거든요. 그러니 우리의 양육은 아이의 기쁨을 늘려가되 기쁨의 대상에 대해서 더 열린 자세를 갖도록 안내할 필요가 있습니다. 아이의 경험을 계속 늘려주는 것이죠.

슬픔의 정서들을 몇 가지 더 볼까요? 누군가를 **경멸**하고 **조롱**할 때는 어떤 정서를 느끼게 되나요? 뒷담화를 하면서 누구를 조롱하면 재미있습니다. 그래서 스피노자는 남을 조롱하는 데서도 기쁨을 느낄 수 있다고 말합니다. 하지만 그건 진정한 기쁨은 아니라고 덧붙이는데요. 왜 그럴까요?

보통 우리는 미워하고 싫어하는 사람을 조롱하거든요. 다시 말해 조롱은 '미움'과 함께 갑니다. 그런데 앞서 말했듯이 미움은 슬픔의 정서거든요. 그러니 왜 늘 남을 욕하는 사람들이 결국 행복하지 못한지 알 수 있습니다.

질투도 마찬가지로 남의 행복을 보고 슬퍼하거나 남의 불행을 보고 기뻐하는 마음입니다. 그러니 남이 잘못되었을 때도 우리는 기뻐할 수 있습니다. 하지만 그건 기본적으로 '미움'에 의하기 때문에 질투에 따른 기쁨도 진정한 기쁨이 아닙니다.

그리그 **희망**은 기쁨, **두려움**은 슬픔의 정서와 연결됩니다. 아이들은 우리의 희망이죠. 언제나 기쁨의 대상입니다. 하지만 우리의 미래는 불확실하기에 우리는 아이를 보면서 불안함에 빠지기도 합니다. 이렇듯 희망에는 항상 실패의 두려움이 따릅니다. 그러면 우리는 아이에게 어느 정도의 기대를 해야 할까요? 지나친 기대는 슬픔을 동반할 가능성이 높아집니다. 그러니 아이에게 기대하고 희망하되 부모와 아이가 불안해질 만큼 기대해서는 곤란합니다.

이런 방식으로 절망보다 신뢰, 후회보다 환희, 남에 대한 분노보다는 호의, 질투보다는 공감, 치욕보다는 명예를 또 후회보다는 자기만족을 추구해야 합니다. 어떤가요? 아이들의 감정을 교육하기 전에 부모 스스로 이렇게 감정들을 훈련해 가면 좋겠죠. 그러면 아이들도 그런 부모를 닮아갈 것입니다. 이렇듯 **현명한 양육이란 부모도 아이도 기쁨의 정서가 커지는 길을 걷는 일입니다.**

『격몽요결』이 전하는
8가지 포인트

조선시대 선비 가문의 자녀는 7~8세 정도가 되면 오늘날의 초등학교에 해당하는 서당이나 향교에 입학해서 공부했습니다. 『천자문』에서 시작해서 『계몽편』 『동몽선습』 『격몽요결』 『명심보감』 등을 배웠습니다.

여기서 반복해서 보이는 '몽蒙' 자는 "어리다." "어둡다." "어리석다"는 뜻이어서 동몽童蒙은 '아이가 어리석다'는 의미입니다. 계몽啓蒙은 '어리석음을 계도하는 것'이고 격몽擊蒙은 '어리석음을 깨부수는 것'을 의미합니다.

귀엽기는 하지만 아직 어리석은 아이들을 위해 율곡 이이가 쓴 책이 바로 『격몽요결』이었습니다. 조선 후기 때는 대부분 선비 집안 자제가 이 책을 공부했는데 다음 몇 가지를 소개합니다.

1. 극기해야 한다

"자기를 이기는克己 공부가 일상생활에서 가장 절실하다."[20]

유아기에는 자기가 하고 싶은 대로 말하고 행동하지만 아이는 점차 욕구를 참고 이기는 것을 배워나갑니다. 장난감을 갖고 싶어도 부모가 사주지 않으면 참아야 하고, 음식점에서 뛰어놀고 싶어도 남들에게 민폐를 끼치지 않아야 합니다. 또한 하기 싫어도 해야 하는 것들도 이겨내야 합니다. 학교 및 학원의 숙제나 매일 스스로 약속한 분량의 독서 등이죠.

『논어』의 대표적인 문구 중 하나가 '극기복례克己復禮'인데, "자기를 이겨서 예로 돌아간다"는 뜻입니다. 율곡 또한 어려서부터 극기 훈련이 매우 중요하다고 보았습니다. 그런데 '자기를 이긴다'라고 할 때 그 '자기'는 무엇을 의미하는 걸까요? 율곡은 하늘의 이치에 합당하지 않는 것을 의미한다고 했습니다. 그렇다면 아이가 하늘을 우러러 생각할 때 옳지 않다고 여기는 것을 하지 않는 태도, 또 옳다고 여기는 것을 실천하는 태도가 곧 스스로를 이기는 일이겠죠.

2. 습관이 가장 중요하다

"나쁜 습관은 사람의 뜻을 견고하지 못하게 하고 행실도 독실하지 못하게 해 오늘 한 것은 내일 고치기 어렵게 하고 아침에 후회했던 행동을 저녁에 다시 저지르게 한다. 그러니 모름지기 용맹스러운 뜻을 크게 떨쳐 한칼에 나무를 뿌리째 베어버리고 마음을 깨끗이 씻어 털끝만 한 찌꺼기도 없도록 해야 한다. 그리고 때때로 통렬히 반성해 마음에 한 점도 옛 습관에 물든 더러움이 없게 된 뒤에야 학문에 나아가는 공부를 논할 수 있을 것이다."

'한칼' '털끝만 한 찌꺼기도' '마음에 한 점도' 등에서 느낄 수 있듯이 율곡은 스스로에게 매우 엄격했던 것 같습니다. 이 정도까지는 아니더라도 우리 아이들 역시 어려서부터 좋은 습관을 지니게 도와주고 또 좋지 않은 습관을 고치도록 지도해야겠죠.

저는 호야가 식탁에서 바른 자세로 골고루 먹고, 되도록 음식을 남기지 않는 습관을 갖도록 가르쳤습니다. 또 모바일 기기를 되도록 멀리하려고 노력했는데 두 가지 이유에서였습니다. 하나는 시력과 전자파의 영향 등 건강의 문제, 또 하나는 어른들이 잘 알다시피 영상 이미지는 중독성이 있기에 교육적인 관점에서 제한할 필요가 있다고 여겼기 때문입니다.

학교나 학원 숙제를 내일로 미루지 않기, 지금 하는 것에 '집중하기'도 필요한 습관입니다. 놀 때는 놀고, 공부할 때는 공부하고, 먹을 때는 먹는 것에 집중하는 것은 다른 말로 산만하지 않다는 의미이죠.

3. 주체적인 자아를 위해 마음에 관심을 기울여야 한다

우리말에는 여러 감정들을 표현한 어휘들이 있습니다. 예를 들어

'감격스럽다.' '걱정스럽다.' '따분하다.' '안쓰럽다.' '조마조마하다.' 등입니다.

이렇게 세밀하게 표현되는 감정에 대해서 잠시 생각해 보겠습니다. 어떤 감정이 드는 것에는 죄가 없지만 그 감정을 어떻게 다스리냐는 그 사람의 인성과 인품을 좌우합니다. 이를 위해 율곡은 "마음을 보존하라"고 말했는데, 달리 말하면 '늘 마음을 염두에 두고 살펴라.' '마음을 가꾸라'는 의미입니다.

어릴 때부터 그런 훈련을 해온 아이들은 율곡의 말대로 남에게 휘둘리지 않는 삶, 즉 주체적인 삶을 살아갈 수 있습니다. 이를 위해서 율곡은 독서의 습관을 강조했습니다.

> "배우는 자는 항상 이 마음을 보존해 사물에 휘둘려서는 안 된다. … 이치를 궁구하는 데 있어 독서讀書를 하는 것보다 먼저 할 것이 없으니, 성현聖賢의 마음을 쓴 자취와 본받을 선善과 경계할 악惡이 모두 책에 있기 때문이다."

4. 책을 읽었으면 실천해야 한다

어릴 때부터 성적, 순위, 상위 몇 % 이런 것에 집착하다 보면 머리로 하는 공부와 생활 속의 실천은 아무 상관이 없는 걸로 인식하게 될 수 있습니다. 그래서 입시 면접 때 공부 계획에 대해서는 멋지게 이야기하는 아이들이 봉사에 대해 물어보면 무언가 숨기는 표정으로 자신 없는 이야기를 하게 됩니다. 공부는 살아감, 즉 삶과 별개가 아니라는

등대 육아

걸 어릴 때부터 알려줄 필요가 있습니다. 이에 대한 율곡의 생각을 음미해 보죠.

"무릇 독서를 하는 자는 마음을 다하고 뜻을 극진히 하고 자세히 생각하고 깊이 이해해 깊은 의미를 알되, 구절마다 반드시 그 실천할 방법을 구해야 한다. 만일 입으로만 읽지 마음으로 체득하지 못하고 몸으로 행동하지 못한다면 글은 저대로 글일 뿐이요, 또 나는 나일 뿐이니 무슨 이익이 있겠는가."

5. 많이 읽는 것보다 숙독하자

초등학교에 들어가면 아이들이 "몇 권 읽었다"라는 걸 자랑처럼 이야기하는 경우가 있습니다. 호야도 "몇 반에 있는 누구는 지금까지 책을 몇 권 읽었대"라고 이야기하더군요. 어른 중에도 책을 많이 읽었다는 걸 자랑하는 사람이 꽤 있습니다.

같은 깊이로 읽는다고 전제할 때 독서의 분량은 자랑이 될 수도 있습니다. 하지만 '깊이 읽기'에서 그 깊이는 사람마다 달라서 분량으로 독서의 질을 측정할 수 없습니다. 무엇이 옳은 독서인지에 대해 정답은 없지만 같은 시간을 투여할 때 다독보다는 정독 혹은 숙독이 낫다고 저는 생각합니다. 앞서 율곡이 말한 대로 '마음으로 체득하고 몸으로 행동하는' 수준의 독서를 했는지가 더 중요합니다.

"독서를 할 때는 반드시 책 한 권을 숙독해서 의미를 모두 알아 의

심이 없이 훤히 알게 된 후에 다른 책으로 바꾸어 읽어야 하니, 많이 읽으려고 욕심내고 무언가 얻어 내는 데만 힘써 이것저것 바삐 보아 넘겨서는 안 된다."

하지만 너무 느릿하면 그것도 문제겠죠. 글을 읽는 행위는 비교적 단계가 엄격한 수학 문제 풀이와 달라서 숙독에 너무 집착하는 것도 발목을 잡을 수 있습니다. 저는 '언어는 다시 만난다'고 생각합니다. 어떤 책을 읽었는데 뜻이 잘 들어오지 않을 때 한 번 더 읽어볼 수도 있지만 다른 책으로 넘어갔다가 다시 읽는 방법도 있습니다. 물론 다시 그 책을 만나지 못할 수도 있습니다. 중요한 건 놀 때는 열심히 노는 것처럼 읽을 때는 '집중해서' 읽는 습관을 들이는 일입니다.

6. '해서는 안 되는 것'의 목록을 작성해 보자

율곡은 의를 실천하는 방법에 대해 맹자의 말을 인용해서 이렇게 말했습니다.

"맹자가 말하길, '하지 않아야 할 것을 하지 말며 원해서는 안 되는 것은 바라지 말아야 한다' 했으니, 이것이 의를 행하는 방법이다."

맹자는 '금기의 목록'이 중요하다고 생각해서 이런 말을 한 적이 있습니다. "사람이 해서는 안 되는 게 있은 후에야 할 수 있는 것이 있다人有不爲也, 而後可以有爲." 무엇을 해야 할지 생각하기 전에 무엇을 해서

등대 육아

는 안 되는지 먼저 검토하라는 말입니다.

아이가 해서는 안 되는 것이 아주 많습니다. 아이가 햄버거를 찾는 다고 아침부터 햄버거나 피자를 먹게 하지 않고 게임하고 싶다고 해서 종일 게임을 하게 하지는 않습니다. 자전거를 타게 되었다고 아무 데나 마구 위험하게 타고 돌아다녀서도 안 되겠죠.

하지만 육아 과정에서 '안 되는 것'의 목록이 너무 많아지는 건 경계해야 합니다. 아이를 위축시킬 수 있으니까요. 아이에게 "안 돼"를 습관처럼 이야기하기보다 목록을 작성해서 '약속'으로 지키게 만드는 방법이 좋을 것입니다.

7. 남이 비방하면 먼저 자신을 돌아보자

아이들은 학교에서 점차 교우 관계란 걸 맺게 됩니다. 친하게만 지내면 무슨 문제가 있겠냐마는 다투기도 하고 앞에서 혹은 뒤에서 비방도 하곤 합니다. 어른들만 인간관계로 힘들어하는 게 아니죠. 그런데 아이들은 더 심각한 상황인 게 보기 싫은 친구도 학교에서 볼 수밖에 없기 때문입니다. 우리 자녀들도 학교에서 누군가 자신에 대해 나쁜 이야기를 하는 경우를 접하게 될 수 있습니다. 이럴 때 율곡은 이렇게 조언합니다.

"만일 내가 정말 비방받을 만한 행동을 한 적이 있었다면 스스로를 꾸짖어 허물을 고쳐야 할 것이다. 만일 내 잘못이 매우 적은데 그가 보태어 말했다면 그의 말이 지나쳤더라도 어쨌든 비방받을 이유가 내게 있었으니, 역시 전날의 잘못을 철저하게 끊어 털끝만큼도 남기지 말아야 한다. 그런데 만일 나에게는 본래 잘못이 없는데 남이 헛된 말을 지어낸 것이라면 그는 망령된 사람일 뿐이니 망령된 사람과 어찌 허실虛實을 따지겠는가."

자신이 어떤 잘못을 했는지 먼저 반성해 보자는 겁니다. 율곡은 본능적으로 변명하지 않기를 바라면서 이렇게도 말했습니다. "그런 비방을 듣고 시끄럽게 자신을 변명해 허물이 없는 사람이 되려고만 한다면 그 허물은 더욱 깊어지고 비방은 더욱 많아질 것이다."

하지만 돌아보니 잘못이 없다는 판단이 들었는데도 자신을 계속 비방하는 이가 있다면 율곡의 말대로 그런 사람과는 상대하지 말아야겠죠.

8. 시험을 준비하더라도 공부의 본질을 놓치지 말자

조선시대 선비들 역시 출세를 위해 많은 이가 과거 시험을 준비했습니다. 우리 아이들이 대학 입시를 위해 공부하는 모습과 크게 다르지 않습니다. 그런데 율곡은 학생들이 이 과정에서 '마음'이나 '뜻'이 훼손되어서는 안 된다고 강조했습니다.

"과거 공부를 하는 자는 득실에 따라 마음이 항상 조급하기 마련이어서 늘 마음을 해치지 않게 애써야 한다. 그래서 선현의 말씀 중에는 '과거(시험)가 공부에 방해가 될 것까지는 아니지만 자신의 마음을 빼앗길까 걱정이다'라는 말도 있을 정도이다."

여기서 '마음을 빼앗긴다'는 게 무슨 말일까요? 공부는 자기를 위해서 하는 행위인데 오히려 공부를 하다가 자기를 잃어버린다는 의미입니다. 11세기 송나라의 철학자 정이천(1033-1107)은 이런 상황에 대해서 다음과 같이 말했습니다.

"옛날에는 자신을 위해 공부해서 끝내 남을 이루어주었고, 지금은 남을 위해 공부하다가 끝내 자신을 상실한다."

어떤 시험에 합격하는 것은 공부의 본질이 아니라 현실적 효과입니다. 앞으로 아이는 공부하면서 많은 시험을 치르고 때로 합격과 불합격이라는 결과를 받게 될 것입니다. 그런데 세상일에는 늘 '차선'이란 게 있습니다. 원하는 결과가 나오지 않았다고 해서 자신이 해온 공부가 잘못되었고 '아무 소용이 없는 것'으로 치부하지 않기 위해서는 부모가 먼저 공부의 본질이 무엇인지에 대해 생각해 보아야 합니다.

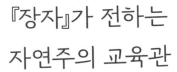

『장자』가 전하는
자연주의 교육관

"자연으로 돌아가라."

이 말을 들어본 적이 있으신지요? 앞서 다룬 장 자크 루소의 교육철학
서인 『에밀』의 핵심 메시지입니다. 여기서 '자연'은 두 가지 의미를 갖
습니다. 말 그대로 인공적인 환경보다 자연 속에서 유년기를 보낼 필
요가 있다는 의미, 또 더 근원적으로는 '아이의 타고난 본성(자연)'을
발견하고 관찰해 그에 맞는 양육을 하라는 의미입니다.

교육은 그냥 놓아두거나 방임하는 것이 아니라 분명히 '무언가를
인위적으로 하는 행위'입니다. 하지만 아이의 타고난 본래 상태를 고
려하지 않고 마치 레고 조립하듯이 부모가 아이를 대하는 것은 곤란

등대 육아

합니다. 억지로 무엇을 이루려고 하지 말고 아이의 상태를 '지켜보며 이끄는' 태도가 중요합니다.

　루소의 이런 교육관은 동양에서 더 발달해 있는데 대표적으로 『장자』에서 확인할 수 있습니다. 『장자』는 『논어』 『맹자』 『노자』 등과 달리 우화로 씌어져 있어서 읽는 재미가 있습니다. 「응제왕應帝王」 편에는 "혼돈이 일곱 구멍 때문에 죽었다渾沌七竅而死"는 이야기가 나오는데 소개하겠습니다.

> "'혼돈'이라는 존재가 세상의 중앙에 살고 있었다고 합니다. 또 남쪽에는 '숙', 북쪽에는 '홀'이라는 이름의 사람이 살았다고 합니다. 숙과 홀이 만나기로 약속을 했습니다. 그런데 먼 길을 돌아가지 않고 편하게 만나려면 중앙에서 만나야 했습니다. 그래서 숙과 홀은 혼돈에게 만날 공간을 제공해달라고 부탁했고 혼돈은 둘이 편안하게 만날 수 있도록 자리를 내었습니다.
> 숙과 홀은 이에 무언가 보답하고 싶었습니다. 고민 끝에 혼돈에 구멍을 뚫어주기로 했습니다. 눈 2개, 귀 2개, 콧구멍 2개, 입 등과 같이 혼돈도 사람의 얼굴을 갖추면 좋겠다고 생각한 것이죠. 그들은 하루에 1개씩 구멍을 뚫기 시작했습니다. 그런데 7번째 구멍을 뚫자 혼돈은 그만 죽고 말았습니다."

　그들의 선한 의도와 다르게 혼돈의 죽음이라는 비참한 결과를 낳았던 것이죠. 『장자』에는 비슷한 다른 이야기도 있습니다.

"옛날에 바다새 한 마리가 노나라 교외 들판에서 놀고 있었습니다. 임금이 지나가다 보았는데 그 모습이 대단히 아름다웠다고 합니다. 임금은 새를 데리고 와서 종묘에서 음악을 연주하게 하고 술과 음식을 대접하며 권했습니다. 그런데 새는 몹시 우울해하면서 고기 한 점 먹지 못하고 사흘 만에 죽고 말았습니다."

비참한 결말의 이유는 간단합니다. 임금은 자신을 기르는 방법으로 새를 길렀지, 새를 기르는 방법으로 새를 기르지 않았기 때문입니다.

위 두 이야기에서 우리가 얻는 교훈은 무엇일까요? 잘 지내고 있던 혼돈과 새가 죽은 까닭은 역설적이게도 그들이 더 행복하길 원했던 이들의 '베풂' 때문이었습니다. 이처럼 부모가 스스로의 바람을 아이에게 고민 없이 투영하다가는 원하지 않는 결말을 초래할 수 있습니다.

아이는 엄마의 몸에서 나왔기 때문에 신체적으로 부모와 닮은 구석이 있습니다. 하지만 아이의 영혼과 정신세계는 근본적으로 완전히 다른 세계라는 점을 인정해야 합니다. 그렇지 않으면 무엇 하나 부족함 없이 키웠는데도 부모를 원망하게 될 수도 있습니다.

아이에게 일방적으로 무언가를 요구하면서 "다 너를 위한 거야"라는 말을 하지 않았으면 합니다. 먼저 아이를 관찰하고 이해해야 합니다. 아이에게 생일 선물로 무엇을 줄지를 생각해 보면 됩니다. 그동안 아이의 모습을 관찰해 온 부모는 아이가 어떤 선물을 좋아할 거란 걸 짐작하게 됩니다. 그런 관찰 없이 부모가 좋아하는 물품을 선물로 주면 아무리 비싼 물품이라도 아이가 좋아할 리 없겠죠.

우리는 아이가 세상에 나왔던 날 처음 만나는 세상이 낯설어 터뜨렸던 울음소리를 들었고 이어서 엄마 품에 안겨 다시 안정을 찾고 새근새근 잠들던 모습을 보았습니다. 잠에서 깬 아이가 제대로 뜨지도 못한 눈으로 엄마를 쳐다보며 처음으로 지은 해맑은 웃음도 기억합니다.

이 아이가 갖고 있는 자연의 본성을 응시하고 거기서부터 시작해야 합니다. 그렇지 않고 아무것도 모르는 이 아이의 미래에 대해서 어떤 계획을 인위적으로 투영하는 순간, 혹시나 아이에게는 생각지도 못한 구멍이 하나씩 뚫릴지도 모를 일이죠.

부모를 위한 인문 고전의 문장들

▶ 그는 사랑했고 그러면서 자신을 발견한 것이다.
그러나 대부분 사람은 사랑하면서 자신을 잃어버린다. -헤르만 헤세

사랑에는 두 가지 길이 있습니다. 자신을 발견하는 길과 잃어버리는 길. 양육의 과정
도 그렇습니다. 자녀를 키우면서 부모 스스로를 발견하는 길을 가십시오.

▶ 본래 긴 것을 자를 필요 없고 본래 짧은 것을 늘일 필요도 없다.
그런다고 걱정이 사라지지 않는다. -장자

아이의 키나 외모, 성격을 무리하게 교정하려 하지 마십시오. 혹시 그래야 한다면
적당히 하십시오.

▶ 친구와 사귈 때 자주 충고하면 소원해진다. -공자

친구를 위해서 때로는 직언도 해야 하지만 모든 일에는 '정도껏'이 있어서 지나치
면 역효과를 일으킵니다. 그런데 이 문구는 사실 부모와 자녀 간에도 적용됩니다.

자녀를 위한 인문 고전의 문장들

▷ 마음속으로 반성해 허물이 없으면
　무엇을 근심하고 무엇을 두려워하겠는가? - 공자

　아이도 근심과 걱정, 두려움과 같은 정서를 느낄 때가 있을 겁니다. 하지만 스스로
부끄러움이 없는 하루를 살아가고 있다면 걱정하지 않아도 된다고 이야기해 주십
시오.

▷ 넘침은 미치지 못하는 것과 같다. - 공자

　'과유불급過猶不及'의 의미입니다. 아이들은 좋은 건 넘쳐도 된다고 생각할 수 있지
만 좋은 것도 적절한 정도가 있다는 걸 알려주세요.

▷ 마땅히 주어야 할 사람에게 마땅한 만큼, 마땅한 때에, 마땅한 목적을 위해,
　마땅한 방식으로 주는 것은 누구나 할 수 있는 일이 아니다. - 아리스토텔레스

　공자와 아리스토텔레스는 모두 '중용'을 강조했습니다. 중용은 균형 잡힌 생각, 말,
행동입니다. 독서하는 시간, 게임하는 시간의 '적당한 정도'에 대해서도 아이들과 아
야기 나누십시오.

▶ 물은 싸울 의사가 없어서 누구도 그와 다툴 수 없다. -노자

노자는 "최고의 선은 물과 같다"라고 말했습니다. 아이와 계곡이나 호수, 바다, 폭포를 보러 갈 때 '상선약수'라는 말을 들려주세요. 그리고 누군가 시비를 걸어도 내가 싸울 의사가 없으면 싸움이 이루어지지 않는다는 것도 알려주십시오.

등대 육아

그렇게 부모가 되어간다

양육의 경험이 사랑을 낳는다

이제 책을 마무리하면서 미국의 정치철학자 마이클 샌델의 『정의란 무엇인가(김명철 역, 와이즈베리, 2014.)』[21]에서 소개하는 유명한 판례를 통해 '어머니'라는 존재에 대해 생각해 보겠습니다.

1985년 미국의 한 부부는 아이를 꼭 갖고 싶었습니다. 그런데 아내가 임신을 할 경우 생명이 위험할 수 있다는 증상(다발성 경화증)을 진단받고 고민 중이었습니다. 그러던 중 한 불임센터에서 대리 출산을 알선받았습니다. 광고를 통해 대리모에 지원한 29살 여성은 의뢰인 남편의 정자로 인공 수정을 하고 임신한 뒤 출산과 동시에 아이를 넘겨주기로 약속했습니다. 대신 의료비와 함께 1만 달러를 지급받기로 했습니다. 그렇게 1986년 3월 여자아이를 출산했습니다.

그런데 9개월간 어떤 일이 있었는지 대리모는 생각이 바뀌었습니다. 이 여성은 아이에게 자신의 성과 이름을 붙이고 아이의 인도를 거부하며 플로리다주로 떠나버렸습니다. 그러자 대리 출산을 의뢰한 부부는 연방 법원에 소송을 냈고 양육권 다툼은 법정으로 넘어갔습니다.

1심은 대리모가 애초의 계약대로 이행해야 한다고 판결했습니다. 단지 마음이 바뀌었다는 이유로 대리모가 계약을 파기할 권리는 없다고요. 대리모는 뉴저지주 대법원에 상고했는데 이번엔 판결이 만장일치로 바뀌었습니다. 대리 출산 계약 자체가 무효라고 선고했습니다.

대신 판결은 문제 해결을 위한 절묘한 방안을 덧붙입니다. 대리모를 아이의 엄마로 인정하되, 양육권은 경제적으로 안정된 아빠(정자를 제공한 이)가 얻는다는 것입니다. 따라서 결과적으로 아이는 본래 의뢰한 부부의 품으로 갔습니다. 대신 대리모에게는 엄마로서 방문권(면접교섭권)을 부여했습니다.

대법원장은 판결문에서 이렇게 말했습니다. "친모(대리모)는 자신과 아이의 강한 유대감을 알기도 전에 계약을 했다. 계약 당시 그녀는 전적으로 충분한 정보를 갖추지 못한 상태였다."

대리모는 9개월간 뱃속의 아이와 교감을 통해 형성되는 유대감을 계약 당시에는 예견하지 못했고 그러한 정보를 숙지하지 않은 상태에서의 계약은 효력이 없다는 논리입니다. 한편 이 소송이 화제가 되자 미국의 철학자 엘리자베스 앤더슨은 대리 출산 거래를 다음과 같이 비판했습니다.

"대리 출산 계약에서 어머니는 아이와 '부모-자식' 관계를 형성하지 않겠다고 약속한다. 임신이라는 행위가 마땅히 지향해야 할 '아이와의 감정적 유대'를 억지로 끊어야 한다는 점에서 어머니의 노동은 소외된다."

판결의 결과를 떠나 위 사건에서 분명히 알 수 있는 게 있습니다. 태아가 뱃속에 있는 순간부터 아이와 엄마 사이의 교감은 시작된다는 점입니다. 다시 말해 아이는 보이지 않지만 양육은 시작되고 있습니다. **아빠는 알 수 없는 아이와 한 몸을 공유하는 9개월, 모성과 모성애란 그 '경험'에서 시작합니다.**

아빠와 아이의 관계, 엄마와 아이의 관계는 논리적으로는 동등합니다. 하지만 경험적으로 동등하지는 않는데 그 이유는 이 9개월 경험의 차이 때문입니다. 아이는 엄마의 배 속에서 생성되었고 최초의 경험들을 엄마와 한몸에서 나누었기 때문입니다.

결국 DNA의 일치라는 생물학적 정보보다 아이와 함께한 '경험'이 바로 여성을 엄마로 만들어주는 게 아닐까요. **양육을 통해 아이만 성장하는 것이 아니라 부모도 성장합니다.** 이 '되어감^{becoming}'은 니체 철학의 근간이기도 하죠. 자녀가 생기면 부모가 된다는 말은 생물학적으로만 맞습니다. 그보다는 양육의 경험으로 우리 모두는 진정한 의미에서 아빠와 엄마가 '되어갑니다.'

사랑의 기억

로키마운틴과 버지니아의 자연을 배경으로 노래를 부른 미국의 전설적인 컨트리송 가수인 존 덴버(1943-1997)는 1997년 경비행기를 직접 몰던 중 추락해서 자연 속으로 산화했습니다. 그의 곡 중 테너 플라시도 도밍고와 함께 불렀고 우리나라에서도 크게 사랑받았던 〈Perhaps Love〉가 있습니다.

가사에는 사랑이 무엇인지 정의한 여러 비유가 나옵니다. '쉼터 resting place, shelter' '창 window' '열린 문 open door' '구름 cloud' '바다 ocean' '불 fire' '천둥 thunder' … 이렇게 사랑은 고요하고 차분하기도 하지만 놀랄 만큼 강하기도, 때로는 경이롭고 때로는 무섭기도 합니다.

사랑의 범위는 꽤 넓어서 이 노래를 듣는 이들은 각자 사랑하는 이의 이미지를 떠올리고 음미하게 됩니다. 그런데 정작 덴버는 이 노래를 만들면서 누구를 떠올렸을까요. 아마도 여러 사랑의 대상 중 어머니를 떠올리지 않았을까요? 다른 곡들을 들어보면 자주 그는 자연과 어머니를 거의 동일한 이미지로 노래했거든요.

이 노래의 후렴에는 사랑이 어떤 힘을 갖는지 보여주는 대목이 있습니다.

"심지어 당신이 스스로를 잃어버리고
(even if you lose yourself)
무얼 해야 할지 모를 때
(And don't know what to do)

사랑의 기억은 당신에게 길을 보여줄 거예요."

(The memory of love will see you through.)

부모도 예전에 그랬듯이 우리의 아이도 커서 무얼 해야 할지, 어디로 가야 할지 모르는 순간을 경험하게 될 것입니다. 하지만 어린 시절 엄마와 아빠에게 받은 사랑에 대한 기억은 벽에 부딪힌 자녀에게 삶의 길을 보여줄 것입니다. 또 이런 대목도 있습니다.

"내가 만약 영원히 살 수 있다면
(If I should live forever)
그래서 내 모든 꿈이 이루어진다면
(And all my dreams come true)
(그걸 가능하게 해준) 사랑의 기억은 아마 당신에 대한 것일 거예요."
(My memories of love will be of you.)

영원히 살 수 없는 우리는 어릴 때 꿈꾸었던 모든 것을 이룰 수 없습니다. 하지만 아이의 작은 꿈은 언젠가 열매를 맺게 될 날을 맞을 겁니다. 아마도 그날 아이는 부모님을 떠올릴 겁니다. 그 열매를 맺을 수 있었던 힘은 바로 아빠와 엄마가 준 사랑에 대한 기억 때문이라고요.

엄마의 사랑은 한없이 넓고 부드럽고 온유하지만 한편으로는 아이에게 삶을 이겨낼 수 있는 지혜와 용기, 힘을 제공합니다. 그리고 존 덴버처럼 아름다운 가사와 멜로디를 만들어낼 수 있는 예술의 원천도 제공합니다. 앞에서 이런저런 이야기를 했지만, 이 책을 읽은 엄마들에게 하고 싶은 이야기는 별스럽지 않습니다.

아이를 키우고 계신가요. 또는 이제 가지셨나요. 혹시 가진 게 없다고 두려워하지 마세요. 혹시 알고 있는 게 없다고 걱정하지 마세요. 약간의 현명함이 필요할 뿐, 지금 아이에 대한 사랑 하나만으로 부모의 자격은 충분합니다.

엄마와 아빠인 당신이 정말로 자랑스럽습니다.

1 〈매일경제〉, "가난·차별 이겨낸 우즈… 결국 눈물 쏟았다", 2022.03.10.

2 프리드리히 니체, 박찬국 역, 『아침놀』 책세상, 2004.

3 마셜 로젠버그 외, 강영옥 역, 『상처 주지 않는 대화』 파우제, 2018.

4 존 스튜어트 밀, 서병훈 역, 『공리주의』 책세상, 2018.

5 애덤 스미스, 박세일·민경국 역, 『도덕감정론』 비봉출판사, 2009.

6 에두아르도 콘, 차은정 역, 『숲은 생각한다』 사월의책, 2018.

7 로버트 L. 애링턴, 김성호 역, 『서양 윤리학사』 서광사, 2003.

8 〈연합뉴스〉, "한국 자살률 OECD 1위…20대 여성·10대 남성 크게 늘어", 2021.09.28.

9 유발 하라리, 전병근 역, 『21세기를 위한 21가지 제언』 김영사, 2018.

10 가브리엘 가르시아 마르케스, 조구호 역, 『백년의 고독 2』 민음사, 2000.

11 우치다 타츠루, 김경원 역, 『어떤 글이 살아남는가』 원더박스, 2018.

12 파울로 코엘료, 최정수 역, 『연금술사』 문학동네, 2001.

13 아리스토텔레스, 천병희 역, 『니코마코스 윤리학』 숲, 2013.

14 신명희 외, 『교육심리학』 학지사, 2023.

15 칼 구스타프 융, 조성기 역, 『기억 꿈 사상』 김영사, 2007.

16 이하 내용은 다음에서 얻음. 무라카미 하루키, 양윤옥 역, 『직업으로서의 소설가』 현대문학, 2016.

17 〈머니투데이〉, "유발 하라리-아이가 학교에서 배우는 90%, 성인되면 쓸모없어질 것", 2016.04.26.

18 이하 인용문은 다음에서 얻음. 장 자크 루소, 이환 역, 『에밀』 돋을새김, 2015.

19 프리드리히 니체, 안성찬 역, 『즐거운 학문 메시나에서의 전원시 유고(1881년 봄~1882년 여름)』 책세상, 2005.

20 이하 인용문은 한국고전종합DB(db.itkc.or.kr)의 번역을 따름.

21 마이클 샌델, 이창신 역, 『정의란 무엇인가』 김영사, 2010.

등대 육아

부모를 위한 인문 고전의 문장들 출처

- 레프 톨스토이, 이명현 역, 『안나 까레니나』 열린책들, 2018.
- 앙리 베르그송, 황수영 역, 『창조적 진화』 아카넷, 2005.
- 마셜 로젠버그 외, 강영옥 역, 『상처 주지 않는 대화』 파우제, 2018.
- 애덤 스미스, 민경국 역, 『도덕감정론』 비봉출판사, 2009.
- 윌리엄 제임스, 김재영 역, 『종교적 경험의 다양성』 한길사, 2000.
- 프리드리히 니체, 박찬국 역, 『아침놀』 책세상, 2004.
- 프리드리히 니체, 박찬국 역, 『선악의 저편』 아카넷, 2018.
- 프리드리히 니체, 장희창 역, 『차라투스트라는 이렇게 말했다』 민음사, 2004.
- 프리드리히 니체, 안성찬 역, 『 즐거운 학문 메시나에서의 전원시 유고(1881년 봄
  ~1882년 여름)』 책세상, 2005.
- 헤르만 헤세, 전영애 역, 『데미안』 민음사, 2000.

자녀를 위한 인문 고전의 문장들 출처

- 노먼 매클린, 이종인 역, 『흐르는 강물처럼』 연암서가, 2021.
- 어네스트 헤밍웨이, 김욱동 역, 『노인과 바다』 민음사, 2012.
- 마르쿠스 아우렐리우스, 박문재 역, 『명상록』 현대지성, 2018.

등대 육아

초판 1쇄 발행 2024년 5월 22일

지은이 이관호
브랜드 온더페이지
출판 총괄 안대현
책임편집 이제호
편집 김효주, 정은솔
마케팅 김윤성
표지디자인 김지혜
본문디자인 윤지은

발행인 김의현
발행처 (주)사이다경제
출판등록 제2021-000224호(2021년 7월 8일)
주소 서울특별시 강남구 테헤란로33길 13-3, 7층(역삼동)
홈페이지 cidermics.com
이메일 gyeongiloumbooks@gmail.com(출간 문의)
전화 02-2088-1804 **팩스** 02-2088-5813
종이 다올페이퍼 **인쇄** 재영피앤비
ISBN 979-11-92445-74-8 (03590)